Química inorgânica de coordenação

Vannia Cristina dos Santos Durndell
Ariana Rodrigues Antonangelo

Editora intersaberes

O selo DIALÓGICA da Editora InterSaberes faz referência às publicações que privilegiam uma linguagem na qual o autor dialoga com o leitor por meio de recursos textuais e visuais, o que torna o conteúdo muito mais dinâmico. São livros que criam um ambiente de interação com o leitor – seu universo cultural, social e de elaboração de conhecimentos –, possibilitando um real processo de interlocução para que a comunicação se efetive.

EDITORA intersaberes

Rua Clara Vendramin, 58 | Mossunguê
CEP 81200-170 | Curitiba-PR | Brasil
Fone: (41) 2106-4170
www.intersaberes.com
editora@editoraintersaberes.com.br

Conselho editorial
- Dr. Ivo José Both (presidente)
- Drª. Elena Godoy
- Dr. Neri dos Santos
- Dr. Ulf Gregor Baranow

Editora-chefe
- Lindsay Azambuja

Gerente editorial
- Ariadne Nunes Wenger

Preparação de originais
- Entrelinhas Editorial

Edição de texto
- Guilherme Conde Moura Pereira
- Palavra do Editor

Capa e projeto gráfico
- Luana Machado Amaro (*design*)
- Antares Lightv/Shutterstock (imagem da capa)

Diagramação
- Sincronia *Design*

Equipe de *design*
- Luana Machado Amaro
- Charles L. da Silva

Iconografia
- Regina Claudia Cruz Prestes

Dados Internacionais de Catalogação na Publicação (CIP)
(Câmara Brasileira do Livro, SP, Brasil)

Durndell, Vannia Cristina dos Santos
  Química inorgânica de coordenação/Vannia Cristina dos Santos Durndell, Ariana Rodrigues Antonangelo. Curitiba: InterSaberes, 2020. (Série Análises Químicas)

  Bibliografia.
  ISBN 978-65-5517-632-2

  1. Compostos de coordenação – Estudo e ensino 2. Química 3. Química inorgânica I. Antonangelo, Ariana Rodrigues. II. Título.

20-36031   CDD-546

Índices para catálogo sistemático:
1. Elementos químicos: Química inorgânica 546

Maria Alice Ferreira – Bibliotecária – CRB-8/7964

1ª edição, 2020.

Foi feito o depósito legal.

Informamos que é de inteira responsabilidade das autoras a emissão de conceitos.

Nenhuma parte desta publicação poderá ser reproduzida por qualquer meio ou forma sem a prévia autorização da Editora InterSaberes.

A violação dos direitos autorais é crime estabelecido na Lei n. 9.610/1998 e punido pelo art. 184 do Código Penal.

Sumário

Apresentação □ 8
Como aproveitar ao máximo este livro □ 12

Capítulo 1
Introdução à química de coordenação □ 15
1.1 Histórico □ 18
1.2 Ligantes comuns em química de coordenação □ 32
1.3 Nomenclatura de complexos □ 38
1.4 Geometria dos complexos □ 42

Capítulo 2
Simetria □ 58
2.1 Operações e elementos de simetria □ 60
2.2 Grupos de ponto □ 80
2.3 Aplicações dos conceitos de simetria □ 102

Capítulo 3
Isomeria □ 113
3.1 Tipos de isomeria dos complexos □ 115
3.2 Propriedades dos isômeros □ 140

Capítulo 4
Propriedades dos complexos □ 151
4.1 Cores nos complexos de metais de transição □ 153
4.2 A ligação metal-ligante □ 157
4.3 Ácidos e bases: conceitos fundamentais □ 158
4.4 Investigando a formação de complexos □ 165
4.5 Fatores que afetam a estabilidade de complexos que contêm apenas ligantes monodentados □ 175
4.6 Algumas aplicações dos compostos de coordenação □ 183

Capítulo 5
Teoria do campo cristalino – Parte I □ 205
5.1 Introdução à teoria do campo cristalino □ 207
5.2 Compostos de coordenação octaédricos □ 211
5.3 Propriedades magnéticas dos complexos □ 232

Capítulo 6
Teoria do campo cristalino – Parte II □ 254
6.1 Desdobramento tetragonal do campo octaédrico □ 255
6.2 Efeito Jahn-Teller □ 263
6.3 Compostos de coordenação quadráticos planos □ 269
6.4 Compostos de coordenação tetraédricos □ 272

Balanço da reação □ 286
Referências □ 288
Bibliografia comentada □ 292
Respostas □ 294
Sobre as autoras □ 312

Dedicatória

Aos cientistas brasileiros, aos que ainda carregam dentro de si a vontade de transformar a sociedade utilizando as próprias armas – o conhecimento científico e tecnológico – para melhorar o mundo em que vivemos. Esperamos que os futuros cientistas consigam dar continuidade a esse pensamento de forma ativa e responsável.

Agradecimentos

Gostaríamos de agradecer a todas as pessoas que contribuíram para nossa formação, ao dividirem seus conhecimentos. Somos gratas igualmente pelas oportunidades que tivemos ao longo de nossa trajetória, que culminaram na possibilidade de compartilharmos esta obra. Também agradecemos imensamente aos nossos familiares e amigos, que souberam compreender nossa ausência durante a escrita deste livro.

Epígrafe

"A mente que se abre a uma nova ideia jamais voltará ao seu tamanho original."

Albert Einstein

Apresentação

Quando pensamos em elementos metálicos, é comum que nos venham à mente materiais metálicos em sua forma sólida, como uma liga metálica, uma barra de ferro ou um fio de cobre. Olhando para tais materiais, fica difícil imaginar que os mesmos metais presentes na estrutura sólida, quando em sua forma elementar, são essenciais para a vida, participando de processos em nosso organismo, como o simples ato de respirar.

O íon de Fe^{2+} faz parte da molécula de hemoglobina, responsável pelo transporte de oxigênio no sangue e por sua cor vermelha. Os metais de transição estão presentes em nosso cotidiano, muito mais do que podemos imaginar. Eles integram muitas enzimas essenciais, bem como a composição de vários medicamentos que promovem a cura de diversas enfermidades. Também se tornam presentes indiretamente, pois atuam como catalisadores em processos industriais para a geração de produtos indispensáveis em nosso dia a dia, como garrafas PET ou produtos de higiene e limpeza, entre muitos outros.

A questão que fica é: Por que os metais de transição têm essas propriedades? Para respondê-la, é primordial compreender adequadamente a química envolvida nesses elementos e os conceitos relacionados às propriedades que eles apresentam. Consideramos importante o despertar da curiosidade e do interesse dos estudantes para que respondam a essa questão.

Com relação à literatura disponível sobre esse campo de conhecimento, muitas vezes temos dificuldade de recorrer a bons livros didáticos em língua portuguesa que abordem conceitos relevantes de maneira esclarecedora.

Existem muitos livros de ótima qualidade em língua estrangeira, mas nem sempre são acessíveis a todos os estudantes. Sem dúvida, também existem as traduções dessas obras, porém estas nem sempre proporcionam os melhores resultados. Com frequência, são obras muito gerais e extensas; em outros casos, ainda não se encaixam nas especificidades de nosso ensino.

À luz dessas considerações, procuramos desenvolver um texto que apresentasse conceitos fundamentais da química inorgânica de coordenação de modo a correlacionar as propriedades desses compostos, muitos dos quais estão presentes em nosso cotidiano. Dessa forma, esperamos que a química inorgânica de coordenação possa colaborar para o desenvolvimento de um profissional com capacidade de atuar de maneira competente e responsável em sua área específica.

Nesta obra, nossa intenção não é propor uma discussão muito aprofundada dos temas contemplados. No entanto, focamos os principais tópicos que norteiam os conceitos relacionados à química de coordenação, incluindo a maioria daqueles que fazem parte dos conteúdos programáticos dos cursos ofertados na maioria das universidades do país.

No Capítulo 1, apresentaremos o desenvolvimento histórico dos compostos de coordenação, relatando os principais aspectos da famosa controvérsia entre Werner e Jørgensen e suas contribuições para a ampliação dos conceitos da química de coordenação.

No Capítulo 2, abordaremos os conceitos de simetria, buscando melhorar a capacidade de visualização das estruturas tridimensionais que formam os compostos de coordenação. Isso será importante para a compreensão das teorias de ligações discutidas na sequência.

No Capítulo 3, trataremos da isomeria, em especial dos compostos tetra e hexacoordenados, tendo em vista melhorar a capacidade de percepção dos detalhes da geometria molecular.

No Capítulo 4, introduziremos algumas importantes propriedades dos compostos de coordenação, discutindo os principais fatores que interferem na formação e na estabilidade desses compostos. Abordaremos também as principais aplicações, enfatizando aquelas que se destacam na medicina e na indústria.

Nos Capítulos 5 e 6, enfocaremos a teoria do campo cristalino (TCC) para descrever as ligações entre os ligantes e os íons metálicos, assim como os efeitos dessas ligações específicas. Vamos utilizar os conceitos de simetria para analisar os efeitos de estabilização do campo cristalino nos compostos octaédricos e tetraédricos, bem como o efeito Jahn-Teller para explicar as distorções tetragonais. Além disso, apresentaremos conceitos necessários para a compreensão do comportamento magnético dos compostos de coordenação.

Ao final de cada capítulo, são propostos vários exercícios para a autoavaliação dos conteúdos discutidos. Dessa forma, eles devem ser resolvidos depois de você, leitor, estar familiarizado com todos os conceitos examinados no capítulo. Também constam alguns exercícios para o desenvolvimento das correlações dos conceitos com as propriedades dos compostos, os conteúdos e a aprendizagem.

Acreditamos que os textos desta obra possam ser um instrumento para o entendimento das correlações entre os conceitos teóricos e as propriedades dos compostos de coordenação presentes em nosso cotidiano.

Bom estudo!

Como aproveitar ao máximo este livro

Empregamos nesta obra recursos que visam enriquecer seu aprendizado, facilitar a compreensão dos conteúdos e tornar a leitura mais dinâmica. Conheça a seguir cada uma dessas ferramentas e saiba como elas estão distribuídas no decorrer deste livro para bem aproveitá-las.

Início do experimento
Logo na abertura do capítulo, informamos os temas de estudo e os objetivos de aprendizagem que serão nele abrangidos, fazendo considerações preliminares sobre as temáticas em foco.

Síntese química

Ao final de cada capítulo, relacionamos as principais informações nele abordadas a fim de que você avalie as conclusões a que chegou, confirmando-as ou redefinindo-as.

Prática laboratorial

Apresentamos estas questões para que você verifique o grau de assimilação dos conceitos examinados, motivando-se a progredir em seus estudos.

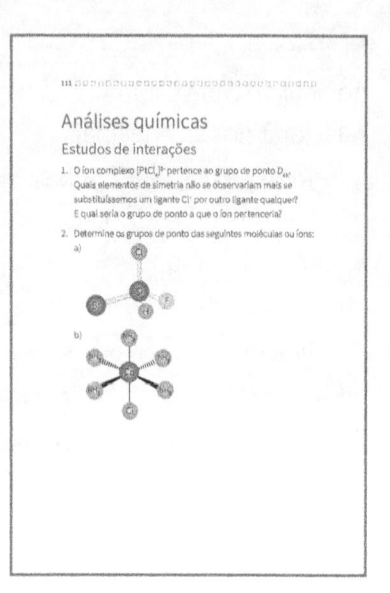

Análises químicas

Aqui apresentamos questões que aproximam conhecimentos teóricos e práticos a fim de que você analise criticamente determinado assunto.

Bibliografia comentada

Nesta seção, comentamos algumas obras de referência para o estudo dos temas examinados ao longo do livro.

Capítulo 1

Introdução à química de coordenação

Ariana Rodrigues Antonangelo

Início do experimento

No contexto da química de coordenação dos metais, o termo *complexo metálico* – ou simplesmente complexo – faz referência a um íon metálico central rodeado por um grupo de ligantes (íons ou moléculas). A estrutura dessas substâncias não pôde ser explicada até o início do século XIX, por isso esses compostos foram denominados *complexos*. Essa denominação ainda é usada, mas, em decorrência da extensa investigação nessa área, nosso conhecimento tem aumentado de tal forma que já não os consideramos complicados.

Um exemplo de um complexo é o $[Cu(NH_3)_4(H_2O)_2]^{2+}$, no qual o íon Cu^{2+} (ácido de Lewis) está rodeado por quatro ligantes NH_3 e dois ligantes H_2O (as bases de Lewis). O composto $[Ni(CO)_4]$, no qual o íon Ni^0 está rodeado por quatro ligantes CO, é um exemplo de composto de coordenação. Esse tipo de composto consiste em um complexo neutro ou um composto iônico em que ao menos um dos íons é um complexo, como no composto $[Cu(NH_3)_4(H_2O)_2]Cl_2$. Se o complexo apresenta uma carga líquida, como em $[Cu(NH_3)_4(H_2O)_2]^{2+}$, normalmente é chamado de *íon complexo*. Esclareceremos melhor a estrutura desses compostos no decorrer deste capítulo.

Compostos de coordenação são formados por meio de ligações covalentes entre ácidos (A) e bases (B) de Lewis, como representado na Equação 1.1. Conforme a definição de Lewis, ácidos são espécies que aceitam pares de elétrons (ou seja, apresentam camada de valência incompleta), enquanto bases são espécies que doam pares de elétrons. Assim, um complexo é formado pela combinação de um ácido de Lewis (a espécie metálica central) com um número de bases de Lewis (os ligantes). Discutiremos com mais detalhes ácidos e bases de Lewis no Capítulo 4.

Equação 1.1

$$A + :B \longrightarrow A:B \text{ ou } A \longleftarrow B$$

ácido de base de   Composto de
Lewis   Lewis   coordenação
(aceptor) (doador)

As investigações fundamentais sobre os compostos de coordenação foram feitas entre 1875 e 1915, com destaque para as pesquisas desenvolvidas pelos químicos Sophus Mads Jørgensen e Alfred Werner. Os trabalhos sobre síntese de complexos e as observações experimentais realizadas por Jørgensen foram de grande importância para a evolução da química de coordenação. Porém, foi a partir da teoria de Werner que a estrutura química desses compostos passou a ser compreendida, o que lhe garantiu o Prêmio Nobel em 1913.

Neste capítulo, apresentaremos um breve histórico do desenvolvimento da química de coordenação, abordando os principais acontecimentos que envolvem a descoberta desses fascinantes compostos. Descreveremos os tipos de ligantes e as regras de nomenclatura de complexos, bem como introduziremos os arranjos estruturais comuns para ligantes em torno de um único átomo metálico central.

1.1 Histórico

Os compostos de coordenação são conhecidos e utilizados como pigmentos e corantes desde a Antiguidade. Do ponto de vista histórico, o primeiro composto de coordenação de que se tem notícia é conhecido como *azul da Prússia*, $Fe_4[Fe(CN)_6]_3$ (Figura 1.1), o qual foi descrito pela primeira vez em 1704 por Heinrich Diesbach e teve sua estrutura elucidada quase três séculos depois. Esse pigmento de coloração azul intensa é bastante conhecido e amplamente utilizado.

Figura 1.1 – Estrutura química do complexo azul da Prússia, $Fe_4[Fe(CN)_6]_3$

$$Fe_4^{3+} \left[\left(\begin{array}{c} N \equiv C \\ N \equiv C \smash{\stackrel{\displaystyle C \equiv N}{\underset{\displaystyle C \equiv N}{Fe^{2+}}}} C \equiv N \\ \end{array} \right) \right]_3^{4-}$$

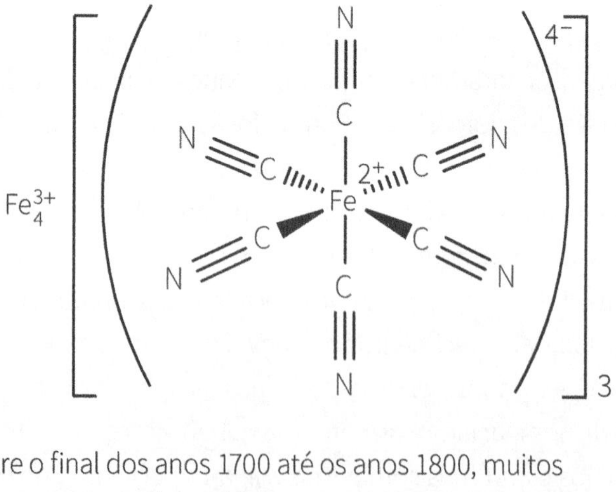

Entre o final dos anos 1700 até os anos 1800, muitos compostos de coordenação foram isolados e estudados. Embora a composição química desses compostos tenha sido prontamente estabelecida graças a métodos analíticos, sua estrutura química era intrigante e controversa à luz das teorias de ligação que prevaleciam na época. As fórmulas desses compostos foram deduzidas apenas no final do século XIX, fornecendo a base para o desenvolvimento da teoria das ligações. Discutiremos as teorias de ligação nos Capítulos 5 e 6.

Para termos uma ideia melhor do contexto mencionado, as teorias estruturais da época eram baseadas nas hipóteses de August Kekulé de que a valência era uma característica do elemento e, como tal, deveria ser invariável. Por exemplo, sabemos que a valência do carbono é 4 – ou que o carbono é tetravalente –, pois faz quatro ligações com qualquer elemento químico. Naquela época, ainda não estava consolidada a noção de que as moléculas poderiam ter uma geometria ou distribuição espacial específica (estereoquímica) e, muito menos, se haveria alguma relação disso com a valência.

O grande passo para o surgimento da química de coordenação foi possível graças ao desenvolvimento de trabalhos com compostos de cobalto(III), Co^{3+}, com amônia, NH_3. Por meio das teorias químicas da época, era difícil explicar como dois compostos estáveis, tais como $CoCl_3$ (cloreto de cobalto) e NH_3, os quais tinham as valências de todos os átomos satisfeitas, poderiam combinar-se em diferentes relações estequiométricas e originar novos compostos, também estáveis, com colorações diferentes, tais como $CoCl_3 \cdot 6NH_3$ (laranja) e $CoCl_3 \cdot 5NH_3$ (púrpura).

Blomstrand e Jørgensen, por meio de observações experimentais e inspirados nos modelos dos compostos orgânicos, propuseram a teoria da cadeia, para explicar como as moléculas de amônia estariam conectadas nos compostos $CoCl_3 \cdot 6NH_3$ (Figura 1.2a), $CoCl_3 \cdot 5NH_3$ (Figura 1.2b),

$CoCl_3 \cdot 4NH_3$ (Figura 1.2c) e $IrCl_3 \cdot 3NH_3$ (Figura 1.2d). Essa teoria estabelecia que moléculas de amônia poderiam ligar-se umas às outras, formando cadeias, – NH_3 –, similarmente ao observado para os compostos de carbono, – CH_2 –, com o nitrogênio no estado pentavalente, ou seja, fazendo cinco ligações.

Figura 1.2 – Estruturas em forma de cadeia dos complexos propostas por Blomstrand e Jørgensen

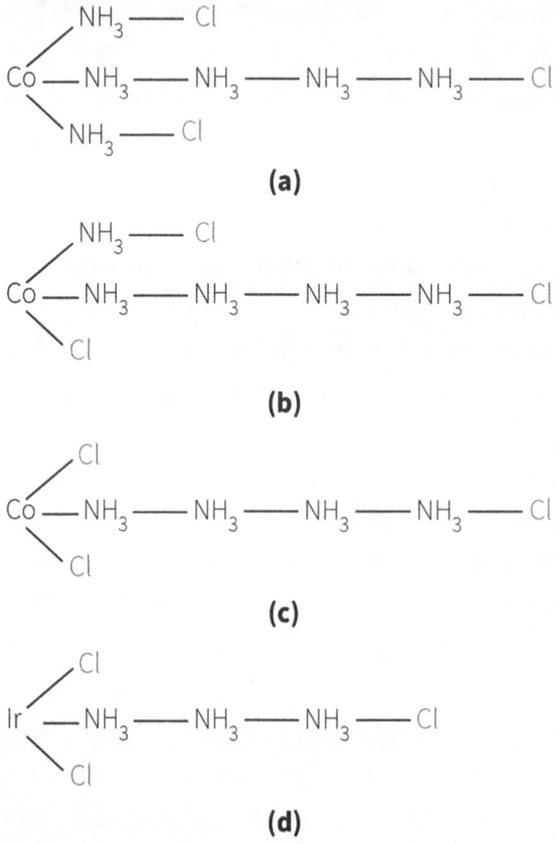

```
        NH₃ —— Cl
       /
  Co —— NH₃ —— NH₃ —— NH₃ —— NH₃ —— Cl
       \
        NH₃ —— Cl
```
(a)

```
        NH₃ —— Cl
       /
  Co —— NH₃ —— NH₃ —— NH₃ —— NH₃ —— Cl
       \
        Cl
```
(b)

```
        Cl
       /
  Co —— NH₃ —— NH₃ —— NH₃ —— NH₃ —— Cl
       \
        Cl
```
(c)

```
        Cl
       /
  Ir —— NH₃ —— NH₃ —— NH₃ —— Cl
       \
        Cl
```
(d)

Essas estruturas foram propostas com base nas reações desses aminocomplexos de cobalto(III) com solução aquosa de nitrato de prata ($AgNO_3$). Os complexos foram distinguidos pela precipitação de íons cloreto livres, conforme apresentamos na Equação 1.2.

Equação 1.2

$$AgNO_3(aq) + Cl^-(aq) \longrightarrow \underset{\substack{\text{precipitado} \\ \text{branco}}}{AgCl(s)} + NO_3^-(aq)$$

Por meio desse experimento, Jørgensen chegou à conclusão de que os íons cloreto ligados diretamente ao cobalto estariam ligados mais fortemente do que os íons cloreto ligados ao nitrogênio. Assim, o átomo de cloro ligado ao cobalto não teria capacidade de reagir com íons de prata (Ag^+), enquanto os átomos de cloro ligados ao nitrogênio (das moléculas de NH_3) seriam ionizados e precipitariam na forma de cloreto de prata (AgCl). Isso explicaria os resultados observados experimentalmente. Por exemplo, observou-se experimentalmente a precipitação de três íons cloreto na reação do $CoCl_3 \cdot 6NH_3$ (Figura 1.2a) com $AgNO_3$ em meio aquoso, corroborando os três cloretos no final da cadeia fracamente ligados ao nitrogênio. Por sua vez, a reação dos compostos $CoCl_3 \cdot 5NH_3$ (Figura 1.2b) e $CoCl_3 \cdot 4NH_3$ (Figura 1.2c) com solução de $AgNO_3$ levou à precipitação de dois e um íon cloreto, respectivamente, também corroborando o número de íons cloreto ligados fracamente ao nitrogênio nas estruturas de tais compostos.

Sem sucesso na preparação do $CoCl_3 \cdot 3NH_3$, Jørgensen foi capaz de preparar o complexo de irídio, $IrCl_3 \cdot 3NH_3$ (Figura 1.2d), o qual não levou à formação do precipitado de AgCl ao adicionar solução de nitrato de prata. Observe que, levando-se em consideração a teoria da cadeia, apenas três átomos podem ser anexados ao cobalto – ou ao irídio –, uma vez que este está limitado ao estado de oxidação +3, não havendo nenhuma estrutura capaz de explicar a não precipitação de íons cloreto para o $IrCl_3 \cdot 3NH_3$. Ou seja, não é possível uma estrutura em que os três átomos de cloro estejam diretamente ligados ao metal, impedindo a ligação de grupos NH_3 a ele. Essa constitui a principal falha da teoria apresentada por Jørgensen.

Os argumentos de Jørgensen tinham embasamento científico para a época. Assim, a teoria de Blomstrand-Jørgensen permaneceu por aproximadamente 25 anos, até ser fortemente abalada pelos novos conceitos apresentados por Alfred Werner em 1893, os quais discutiremos a seguir.

1.1.1 Teoria de Alfred Werner: o nascimento da química de coordenação

A teoria de coordenação de Werner, proposta em 1893, foi a primeira teoria capaz de explicar de forma coerente a ligação em complexos e tornou-se a base de nosso entendimento em química de coordenação. A compreensão de Werner sobre a ligação nos compostos de coordenação é notável especialmente quando nos damos conta de que sua teoria antecedeu, em três anos, a descoberta do elétron por J. J. Thompson e, em mais de 20 anos, as ideias de Gilbert Lewis sobre ligações covalentes. Além disso, Werner não tinha à sua disposição nenhuma das técnicas instrumentais modernas e todos os seus estudos foram realizados com técnicas experimentais simples. Por causa de sua enorme contribuição para a química de coordenação, Werner recebeu o Prêmio Nobel de Química em 1913.

A estereoquímica e a valência foram os dois pontos principais da proposta de Werner, a qual se baseou nos seguintes postulados:

1. **A maior parte dos elementos apresenta dois tipos de valência:**
   a. **Valência primária**: número de oxidação do metal. Por exemplo, o sal $CoCl_3$ (Co^{3+} + $3Cl^-$) tem valência primária igual a 3.
   b. **Valência secundária**: número de átomos ligantes coordenados ao metal, conhecido atualmente como *número de coordenação*. Ligantes são comumente íons negativos, como Cl^-, ou moléculas neutras, como NH_3 (discutiremos os tipos mais comuns de ligantes na Seção 1.3).
2. **Todos os elementos tendem a satisfazer tanto às valências primárias quanto às secundárias.**
3. **As valências secundárias estão dirigidas para posições fixas no espaço**. Observe que esta é a base da estereoquímica dos complexos metálicos (introduziremos as principais geometrias de complexos na Seção 1.5).

Voltaremos agora aos fatos experimentais mencionados na exposição da teoria da cadeia e veremos como eles são explicados pelos postulados da teoria de coordenação de Werner.

Novamente, utilizaremos como exemplos os compostos de cloreto de cobalto(III) com amônia. Para tais complexos, Werner verificou que íons cloreto podiam ser precipitados como AgCl com a adição de solução de $AgNO_3$. A estequiometria das reações está representada nas Equações 1.3, 1.4 e 1.5.

Equação 1.3

$CoCl_3 \cdot 6NH_3(aq) + 3AgNO_3(aq) \longrightarrow 3AgCl(s) + Co \cdot 6NH_3(aq) + 3NO_3^-(aq)$

1 mol de $CoCl_3 \cdot 6NH_3$ forneceu 3 mols de AgCl

Equação 1.4

$CoCl_3 \cdot 5NH_3(aq) + 2AgNO_3(aq) \longrightarrow 2AgCl(s) + CoCl \cdot 5NH_3(aq) + 2NO_3^-(aq)$

1 mol de $CoCl_3 \cdot 5NH_3$ forneceu 2 mols de AgCl

Equação 1.5

$CoCl_3 \cdot 4NH_3(aq) + AgNO_3(aq) \longrightarrow AgCl(s) + CoCl_2 \cdot 4NH_3(aq) + NO_3^-(aq)$

1 mol de $CoCl_3 \cdot 4NH_3$ forneceu 1 mol de AgCl

Com base na correlação entre o número de moléculas de amônia presentes e o número equivalente em mols de AgCl precipitado, Werner deduziu que esses complexos de cobalto(III) apresentam número de coordenação constante igual a 6 e que, quando uma molécula de amônia é removida, ela é substituída por um íon cloreto, que passa, então, a atuar como ligante.

Por exemplo, Werner deduziu que no composto $CoCl_3 \cdot 6NH_3$ a valência primária do cobalto (+3) é satisfeita por três íons Cl^- e a valência secundária, pelas seis moléculas de NH_3, atuando como ligantes, como representado pela estrutura mostrada na Figura 1.3. Os três átomos de cloro são iônicos, ou seja, íons cloreto fracamente ligados ao átomo central. Por isso, precipitam como AgCl. Nessa proposta, o íon metálico central (Co^{3+}) é cercado pelos ligantes (NH_3), definindo a esfera de coordenação interna do complexo. Ao escrever a fórmula química para um composto de coordenação, Werner sugeriu o uso de colchetes para indicar a composição da esfera de coordenação interna. Assim, em termos atuais, o complexo $CoCl_3 \cdot 6NH_3$ é escrito como $[Co(NH_3)_6]Cl_3$.

Figura 1.3 – Estrutura química do composto $[Co(NH_3)_6]Cl_3$

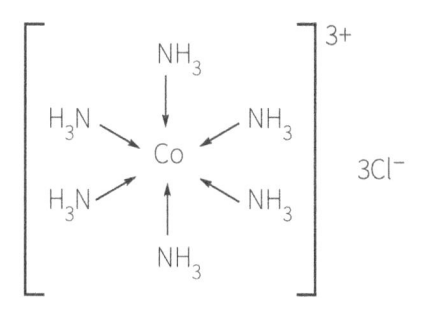

$$\left[\begin{array}{c} NH_3 \\ H_3N \searrow \downarrow \swarrow NH_3 \\ Co \\ H_3N \nearrow \uparrow \nwarrow NH_3 \\ NH_3 \end{array} \right]^{3+} 3Cl^-$$

Werner verificou que o composto $CoCl_3 \cdot 5NH_3$ poderia ser obtido a partir do $CoCl_3 \cdot 6NH_3$ por perda de uma molécula de amônia. No $CoCl_3 \cdot 5NH_3$ só há cinco moléculas de NH_3 para satisfazer à valência secundária. Em consequência, um íon cloreto deverá satisfazer a uma das valências secundárias, conforme representado pela estrutura da Figura 1.4a, cuja fórmula atual é escrita como $[CoCl(NH_3)_5]Cl_2$. Assim, nessa estrutura, dois íons Cl^- são iônicos e precipitam como AgCl.

No complexo $CoCl_3 \cdot 4NH_3$, o número de coordenação 6 do cobalto é satisfeito por quatro moléculas de NH_3 e dois íons Cl^- ligados diretamente ao cobalto, como apresentado na estrutura da Figura 1.4b, cuja fórmula atual é $[CoCl_2(NH_3)_4]Cl$. Nessa estrutura, apenas um íon cloreto é iônico e precipita como AgCl.

Figura 1.4 – Estrutura química dos compostos $[CoCl(NH_3)_5]Cl_2$ e $[CoCl_2(NH_3)_4]Cl$

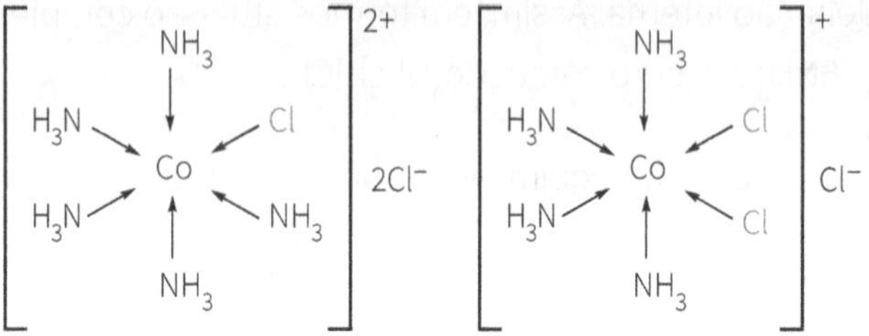

As medidas de condutividade elétrica de soluções contendo os complexos descritos forneceram informação adicional sobre a estrutura dos compostos. Observou-se que a condutividade dos complexos aumentava em função do número de espécies envolvidas. Por exemplo, quando dissolvido em água, o composto $[Co(NH_3)_6]Cl_3$ produz um total de quatro íons (Tabela 1.1): um íon $[Co(NH_3)_6]^{3+}$ e três íons Cl^-, assim como apresenta um valor de condutividade molar de 431,6 ($ohm^{-1} \cdot cm^2 \cdot mol^{-1}$, quando na concentração de 0,001 $mol \cdot L^{-1}$), compatível com os valores obtidos para eletrólitos contendo essa mesma quantidade de íons. Já o composto $[CoCl(NH_3)_5]Cl_2$ produz um total três íons: um íon $[CoCl(NH_3)_5]^{2+}$ e dois íons Cl⁻, bem como apresenta uma condutividade molar de 261,3 (ohm⁻¹ cm² mol⁻¹), também compatível com eletrólitos contendo três íons. Compostos contendo dois íons, como o $[CoCl_2(NH_3)_4]Cl$, apresentam valores de condutividade molar por volta de 100 (ohm⁻¹ cm² mol⁻¹). A grande diferença nos valores de condutividade permitiu a diferenciação entre os complexos e apresentou-se de acordo com os experimentos de precipitação com cloreto de prata. Esses dois experimentos foram decisivos para reconhecer as esferas de coordenação interna e externa e, consequentemente, para elucidar as estruturas dos complexos.

Os resultados discutidos estão resumidos na Tabela 1.1. Note que a terceira e a quarta espécies apresentam cores diferentes, embora a fórmula química seja a mesma para ambas: $[CoCl_2(NH_3)_4]Cl$. Discutiremos o significado dessa diferença mais adiante.

Tabela 1.1 – Propriedade de alguns complexos de cobalto(III) com amônia

Fórmula original	Fórmula de Werner (Atual)	Cor	N¹	N²
$CoCl_3 \cdot 6NH_3$	$[Co(NH_3)_6]Cl_3$	Laranja	3	4
$CoCl_3 \cdot 5NH_3$	$[CoCl(NH_3)_5]Cl_2$	Púrpura	2	3
$CoCl_3 \cdot 4NH_3$	$[CoCl_2(NH_3)_4]Cl$	Violeta	1	2
$CoCl_3 \cdot 4NH_3$	$[CoCl_2(NH_3)_4]Cl$	Verde	1	2
N¹ = número de íons Cl⁻ precipitados como AgCl por unidade de fórmula e N² = número total de íons por unidade de fórmula.				

Fonte: Brown et al., 2016, p. 1046.

Além de demonstrar a existência de uma esfera de coordenação interna com composição bem definida, Werner também foi capaz de provar o arranjo espacial dos complexos, usando a estequiometria. Assim, Werner chegou à seguinte conclusão: na série de complexos de cobalto(III), os ligantes NH_3 estão dispostos nos vértices de um arranjo octaédrico ao redor do íon Co^{3+}. A Figura 1.5 apresenta três formas de representar a disposição das moléculas de amônia no arranjo octaédrico do complexo $[Co(NH_3)_6]Cl_3$. Em (a), note a representação das moléculas de amônia nos vértices do octaedro e o átomo de cobalto no centro; em (b), a representação das ligações covalentes entre as moléculas de amônia e o cobalto; e, em (c), a representação simplificada e mais empregada para demonstrar a geometria octaédrica de complexos. Observe que a linha tracejada indica as moléculas que estão atrás do plano do metal; a linha preenchida, as moléculas que estão à frente do plano; e a linha sólida, as moléculas que estão no mesmo plano do metal. Perceba que as representações mostram apenas a esfera de coordenação interna do complexo, por isso os íons Cl^- foram omitidos. Além disso, nas representações também omitimos a carga positiva do complexo.

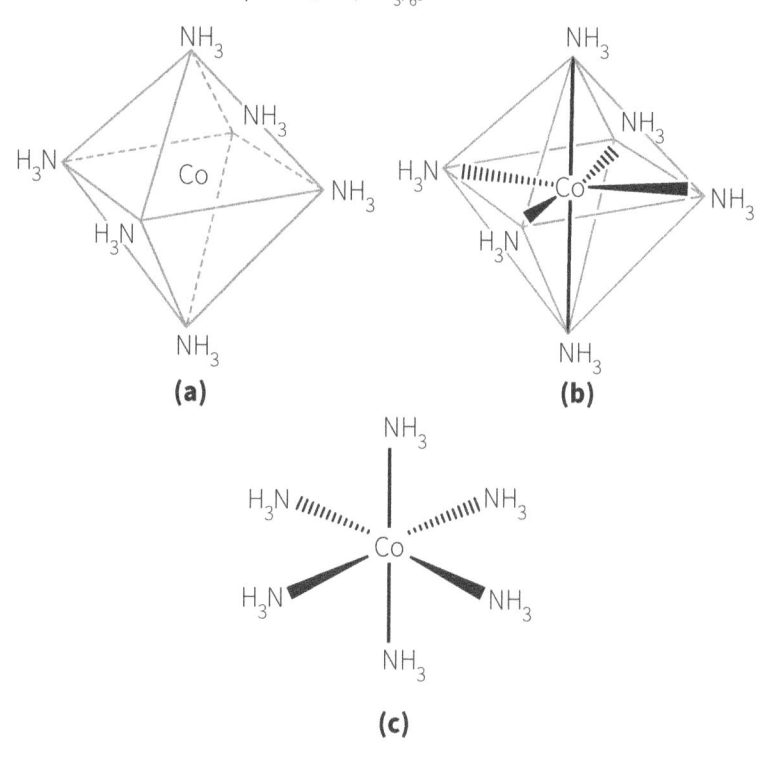

Figura 1.5 – Representações da estrutura octaédrica do complexo $[Co(NH_3)_6]^{3+}$

(a)

(b)

(c)

As formas dos compostos de coordenação foram estabelecidas pela síntese de isômeros. Por exemplo, Werner verificou que o aquecimento prolongado do composto $[CoCl(NH_3)_5]Cl_2$ levava à formação de um composto com composição química $Co(NH_3)_4Cl_3$, cujas medidas de condutividade eram coerentes com $[CoCl_2(NH_3)_4]Cl$. Em virtude da sua grande capacidade de percepção espacial e da simetria de moléculas, Werner foi capaz de inferir que tal composto admitia duas formas distintas, uma de coloração violeta e outra de coloração verde. A existência dessas duas formas foi atribuída ao fenômeno de isomeria geométrica, relacionado ao fato de os ligantes ocuparem posições não equivalentes na esfera de coordenação (descreveremos melhor os isômeros no Capítulo 3).

Existem, portanto, duas maneiras de arranjar os ligantes no complexo $[CoCl_2(NH_3)_4]^+$, chamadas *formas cis* e *trans*. No complexo *cis*-$[CoCl_2(NH_3)_4]^+$ (Figura 1.6), os dois ligantes cloreto ocupam vértices adjacentes do arranjo octaédrico. Já no complexo *trans*-$[CoCl_2(NH_3)_4]^+$ (Figura 1.6), os cloretos são opostos entre si. Assim, essa diferença nas posições dos ligantes Cl^- leva à obtenção de dois compostos, um violeta e outro verde.

Figura 1.6 – Estrutura química dos complexos *cis*-$[CoCl_2(NH_3)_4]^+$ e *trans*-$[CoCl_2(NH_3)_4]^+$

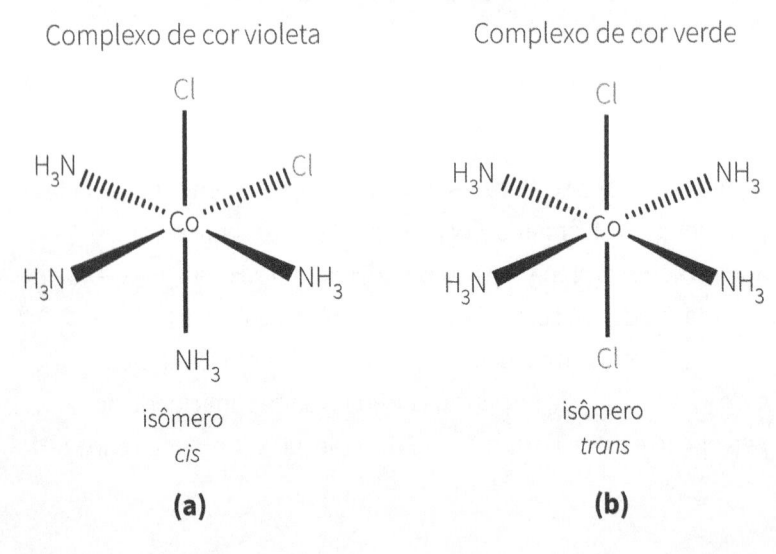

Complexo de cor violeta   Complexo de cor verde

isômero   isômero
cis   trans

(a)   (b)

De forma similar, Werner estudou complexos com número de coordenação 4, tal como [PtCl$_2$(NH$_3$)$_2$]. Para esse complexo, Werner foi capaz de isolar dois isômeros, que foram atribuídos, corretamente, às formas *cis* e *trans*, derivadas de uma geometria quadrática plana, de acordo com as estruturas apresentadas na Figura 1.7. O isômero *cis* é conhecido pelo nome comercial *cisplatinol* ou *cisplatina* e é utilizado para o tratamento de certas formas de câncer.

Figura 1.7 – Estrutura química dos complexos *cis*-[PtCl$_2$(NH$_3$)$_2$] e *trans*-[PtCl$_2$(NH$_3$)$_2$]

isômero *cis*
(a)

isômero *trans*
(b)

Com base na teoria de Werner, foi possível deduzir as geometrias de vários compostos, e esta talvez tenha sido sua maior contribuição para esclarecer a natureza dos compostos de coordenação. Na Seção 1.5, introduziremos uma visão geral das principais geometrias encontradas para complexos com diferentes números de coordenação.

1.2 Ligantes comuns em química de coordenação

Como relatamos anteriormente, em um composto de coordenação, os ligantes são íons ou moléculas que funcionam como base de Lewis, ou seja, apresentam pares de elétrons isolados, podendo se ligar ao metal central por meio de um ou mais átomos. O número total de átomos doadores ligados à espécie central define o número de coordenação do complexo.

Os ligantes podem ser classificados de acordo com o número de átomos doadores que apresentam. Ligantes com apenas um átomo doador são denominados *monodentados* ("um dente") e são capazes de ocupar apenas um sítio em uma esfera de coordenação (como o NH_3). Ligantes com mais de um átomo doador são chamados de *polidentados*, podendo ter dois átomos doadores (*bidentado*), três (*tridentado*), quatro (*tetradentado*), e assim por diante. Os Quadros 1.1 e 1.2, a seguir, apresentam os nomes e as estruturas de alguns ligantes monodentados e polidentados, respectivamente. As regras para a nomenclatura de ligantes e compostos de coordenação serão apresentadas na Seção 1.4.

Ligantes também podem ser classificados como *ambidentados*, quando apresentam mais de um átomo doador diferente. Por exemplo, o íon tiocianato pode se ligar ao metal a partir do enxofre ou do nitrogênio, como mostramos na Figura 1.8 (também apresentamos a estrutura do íon tiocianato no Quadro 1.1).

Figura 1.8 – Representação do ligante íon tiocianato-κ*S* (SCN⁻) ligado ao metal pelo elemento enxofre (a) íon tiocianato-κ*N* (NCS⁻) ligado pelo nitrogênio (b)

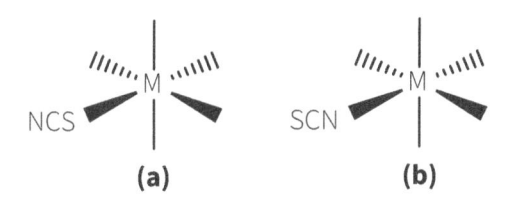

```
        M              M
   NCS              SCN
    (a)              (b)
```

Nos ligantes polidentados (Quadro 1.2), os múltiplos átomos doadores ligam-se simultaneamente ao íon metálico, ocupando dois ou mais sítios na esfera de coordenação. Ligantes polidentados são denominados *agentes quelantes* (do grego *chele*, "garra"), quando a coordenação destes a um íon metálico leva à formação de anéis quelato. Observe que, no complexo [Co(en)$_3$]$^{3+}$ (Figura 1.9a), os três ligantes etilenodiamina formam um anel de cinco membros com o íon Co^{3+}. Na Figura 1.9 b, os ligantes etilenodiamina foram escritos de forma abreviada, com os dois átomos de nitrogênio conectados por meio de um arco.

Figura 1.9 – Representação estrutural do complexo [Co(en)$_3$]$^{3+}$ (a) mostrando os ligantes etilenodiamina (b) com os ligantes etilenodiamina representados por arcos

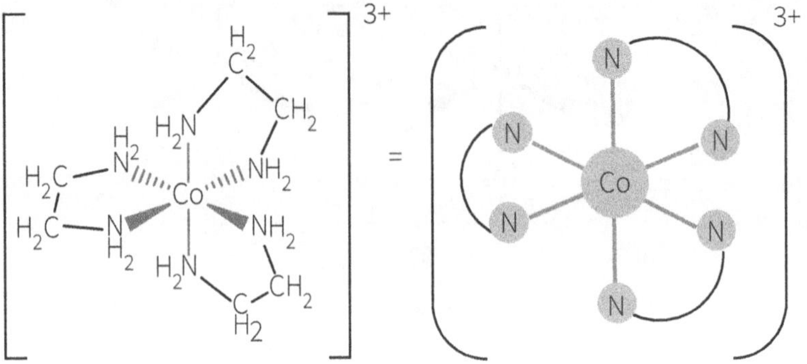

(a)   (b)

Fonte: Brown et al., 2016, p. 1051.

O íon etilenodiaminotetraacetato, abreviado como [EDTA]$^{4-}$, é um importante ligante polidentado com seis átomos doadores: dois átomos de nitrogênio e quatro átomos de oxigênio (Quadro 1.2). Esse ligante é normalmente empregado para "capturar" íons metálicos, como íons Ca^{2+} em água "dura", de modo que não interfiram na ação de sabões ou detergentes, formando um elaborado complexo com cinco anéis de cinco membros, como podemos observar na Equação 1.6.

Equação 1.6

$Ca^{2+}(aq) + [EDTA]^{4-} \longrightarrow$ [complexo]$^{2-}$

Quadro 1.1 – Alguns exemplos de ligantes monodentados

Nome comum do ligante	Nome do ligante no complexo (abreviatura – quando houver)	Fórmula	Estrutura do ligante com o átomo doador em negrito
Água	aqua	H_2O	H–**Ö**–H
Amônia	amin	NH_3	H–**N̈**(H)–H
Íon cloreto	cloreto	Cl^-	:**Cl**:⁻

(continua)

(Quadro 1.1 - conclusão)

Nome comum do ligante	Nome do ligante no complexo (abreviatura - quando houver)	Fórmula	Estrutura do ligante com o átomo doador em negrito
Íon brometo	brometo	Br⁻	$[:\mathbf{Br}:]^-$
Íon cianeto	cianeto	CN⁻	$[:C\equiv N:]^-$
Íon tiocianato (ligado ao S)	tiocianato-κS	SCN⁻	$[\mathbf{\ddot{S}}=C=\ddot{N}]^-$
Íon tiocianato (ligado ao N)	tiocianato-κN	NCS⁻	$[\ddot{S}=C=\mathbf{\ddot{N}}]^-$
Íon óxido	óxido	O²⁻	$[:\mathbf{\ddot{O}}:]^{2-}$
Íon hidróxido	hidróxido	HO⁻	$[H\mathbf{\ddot{O}}:]^-$
Trifenilfosfina	trifenilfosfina (PPh₃)	P(C₆H₅)₃	(estrutura da trifenilfosfina com P central ligado a três grupos fenila)
Monóxido de carbono	Carbonila	CO	$[:\mathbf{C}^-\equiv O^+:]$
Piridina	Piridina (py)	C₅H₅N	(estrutura da piridina com N em destaque)

Quadro 1.2 – Alguns exemplos de ligantes polidentados

Nome do ligante no complexo abreviatura (quando houver)	Tipo de ligante	Estrutura do ligante com o átomo doador em negrito
1,2-etilenodiamina en	bidentado	$H_2\textbf{N}\frown\textbf{N}H_2$
2,2'-bipiridina bipy ou bpy	bidentado	(estrutura de duas piridinas ligadas, com N em negrito)
1,10-fenantrolina fen	bidentado	(estrutura da fenantrolina, com N em negrito)
acetilacetonato [acac]⁻	bidentado	(estrutura do acetilacetonato, com O em negrito)
Oxalato [ox]²⁻	bidentado	(estrutura do oxalato, com O em negrito)
Carbonato	bidentado ou monodentado	(estrutura do carbonato, com O em negrito)

(continua)

(Quadro 1.2 – conclusão)

Nome do ligante no complexo abreviatura (quando houver)	Tipo de ligante	Estrutura do ligante com o átomo doador em negrito
Dietilenotriamina	tridentado	H₂**N**–...–:**N**H–...–**N**H₂
Tetra-azaciclotetradecano	tetradentado	(anel com 4 **N**H)
Etilenodiaminotetraacetato [EDTA]⁴⁻	hexadentado	(estrutura EDTA com 4 grupos carboxilato e 2 **N**)

1.3 Nomenclatura de complexos

Os primeiros complexos sintetizados receberam o nome do químico responsável por sua descoberta. Por exemplo, a substância vermelho-escura $NH_4[Cr(NH_3)_2(NCS)_2]$ ainda é conhecida como *sal de Reinecke*. Com o tempo, as estruturas dos complexos passaram a ser mais bem compreendidas e, com isso, um enorme número de compostos desse tipo passou a ser sintetizado, tornando-se necessário nomeá-los de maneira sistemática. Devemos ter em mente que a nomenclatura deve proporcionar informações fundamentais sobre a estrutura dos compostos de coordenação, tais como: qual metal está presente no complexo; se o íon complexo é um cátion, um ânion ou uma espécie neutra; qual é o estado de oxidação do metal; e quais são a natureza e a quantidade de ligantes.

Um sistema de nomenclatura para compostos de coordenação foi desenvolvido pela União Internacional de Química Pura e Aplicada (International Union of Pure and Applied Chemistry – Iupac), porém nomes triviais e abreviações são comumente usados. Além disso, precisamos estar cientes das mudanças na nomenclatura com o passar do tempo. Apresentaremos aqui um breve conjunto de regras que nos permitem nomear a maioria dos complexos. Devem-se usar colchetes para indicar os grupos que estão ligados ao átomo metálico – esfera de coordenação interna –, independentemente de o complexo ter ou não carga. O símbolo do metal vem primeiro, seguido do símbolo dos ligantes em ordem alfabética – de acordo com a inicial do ligante. Por exemplo, no $[CoCl_2(NH_3)_4]^+$, o símbolo do ligante cloreto vem em primeiro, pois a letra C do Cl^- antecede o N do símbolo do ligante amin (NH_3). Entretanto, a fórmula e o nome do ligante podem se apresentar de maneira distinta, como veremos a seguir.

Analisaremos agora cinco exemplos que ilustram como esses compostos são nomeados.

Exemplo 1

$[CoCl_2(NH_3)_4]Cl$ Cloreto de tetraamindicloreto**cobalto(III)**

ânion: Cloreto
cátion: tetraamindicloreto**cobalto(III)**
4 ligantes NH_3
2 ligante Cl^-
Co^{3+}

Exemplo 2

$$K_4[Fe(CN)_6] \underbrace{\overbrace{\text{hexacianto}\textbf{ferrato(II)}}^{\text{ânion}} \overbrace{\text{de potássio}}^{\text{cátion}}}$$
$$\underbrace{\text{6 ligantes CN}}\ \underbrace{Fe^{2+}}$$

Exemplo 3

$$[Ni(CO)_4]\ \text{tetracarbonila}\textbf{níquel(0)}$$
$$\underbrace{\text{4 ligantes CO}}\ \underbrace{Ni^0}$$

Exemplo 4

$$[CoCl_2(en)_2]Cl\ \overbrace{\text{Cloreto de}}^{\text{ânion}}\ \overbrace{\text{dicloretobis(etilenodiamina)}\textbf{cobalto(III)}}^{\text{cátion}}$$
$$\underbrace{\text{2 ligantes Cl}^-}\ \underbrace{\text{2 ligantes en}}\ \underbrace{Co^{3+}}$$

Exemplo 5

$$[Fe(C_{10}H_8N_2)_3]Cl_2\ \overbrace{\text{Cloreto de}}^{\text{ânion}}\ \overbrace{\text{tris(2,2'-bipiridina)}\textbf{ferro(II)}}^{\text{cátion}}$$
$$\underbrace{\text{3 ligantes bipy}}\ \underbrace{Fe^{2+}}$$

1. Ao nomear o íon complexo (esfera de coordenação interna), os ligantes são escritos em ordem alfabética (sem levar em conta os prefixos numéricos). Os nomes dos ligantes são seguidos pelo nome do metal com seu número de oxidação ou com a carga total do complexo entre parênteses (não se coloca espaçamento entre o nome do metal e o parêntese). Os ligantes são identificados por um

nome precedido por prefixo grego (*di-*, *tri-*, *tetra-*, *penta-*, *hexa-* etc.), que indica o número de unidades de ligante. Assim, no Exemplo 1, tetraamindicloretocobalto(III) ou tetraamindicloretocobalto(3+), o ligante NH_3 (amin) é nomeado antes do ligante Cl^- (cloreto), e os prefixos *tetra* e *di-* indicam que existem quatro moléculas de amônia e dois íons cloreto.
   a. Ligantes aniônicos recebem o mesmo nome do íon. Por exemplo, íon cloreto Cl^- (ligante cloreto), brometo Br^- (brometo), fluoreto F^- (fluoreto) e cianeto CN^- (cianeto).
   b. Ligantes neutros geralmente conservam os nomes das moléculas. No entanto, alguns ligantes recebem nomes especiais, como H_2O (aqua), NH_3 (amin) e CO (carbonila).
2. Para os compostos que consistem em um ou mais íons, o ânion é nomeado primeiro, seguido pelo cátion precedido da preposição *de*, independentemente de qual íon seja o complexo (embora, na fórmula, o ânion figure à direita do cátion). Essa regra é a mesma para a nomeação de sais simples. No Exemplo 1, nomeamos primeiro o ânion Cl^- e, depois, o cátion $[CoCl_2(NH_3)_4]^+$. Já no Exemplo 2, nomeamos primeiro o ânion $[Fe(CN)_6]^{4-}$ e, depois, o cátion K^+. Note que, no Exemplo 3, o complexo é neutro.
3. Os prefixos gregos (*di-*, *tri-*, *tetra-* etc.) são usados para indicar o número de cada tipo de ligante quando houver mais de um. Se o próprio nome do ligante já contém um desses prefixos ou é complicado, indica-se o número de ligantes utilizando prefixos alternativos (*bis-*, *tris-*, *tetraquis-*, *pentaquis-*, *hexaquis-* etc.) e o nome do ligante é colocado entre parênteses. No Exemplo 4, os ligantes são Cl^- e etilenodiamina (en, 1,2 diaminoetano). Seguindo a ordem alfabética,

o ligante cloreto é nomeado primeiro precedido do prefixo *di-* (dois ligantes Cl⁻). No en, o prefixo *di-* faz parte do nome do ligante e, portanto, o prefixo *bis* é utilizado para indicar duas moléculas de etilenodiamina (lembrando mais uma vez que a nomeação não leva em conta os prefixos). O Exemplo 5 mostra outro caso de utilização do prefixo alternativo (*tris-*) para a nomenclatura de ligantes mais complicados, como o 2,2'-bipiridina.

4. Se o complexo for um ânion, o sufixo *-ato* é adicionado ao nome do metal. Nesses casos, os metais – como ferro, cobre, prata, ouro, estanho e chumbo – têm nome de ânions que derivam do termo em latim para o elemento (ferrato, cuprato, argenato, aurato, estanato e plumbato). No Exemplo 2, o complexo $K_4[Fe(CN)_6]$ é o hexacianeto**ferrato**(II) potássio.

Para certos tipos de complexos – particularmente compostos organometálicos, os quais não fazem parte do escopo deste livro –, outras regras são necessárias, mas a maior parte dos complexos pode ser nomeada corretamente por meio das regras mencionadas.

1.4 Geometria dos complexos

Como sabemos, a maioria das moléculas não é planar, ou seja, seus átomos estão dispostos em posições fixas no espaço. As primeiras características das estruturas geométricas dos complexos foram identificadas por Alfred Werner em 1893, como descrevemos na Seção 1.1.1. Atualmente, a geometria dos complexos pode ser determinada por meio de inúmeras técnicas analíticas. A técnica de difração de raios X de monocristal configura a mais poderosa ferramenta para a determinação estrutural de um composto, fornecendo informações precisas quanto à forma, às distâncias e aos ângulos de ligação.

O arranjo espacial entre a espécie central e os ligantes é conhecido como *estereoquímica do complexo*. Estereoquímicas diferentes podem ser agrupadas de acordo com o número de coordenação da espécie central. Lembre-se de que o número de coordenação de um complexo corresponde ao número de átomos doadores diretamente ligados ao átomo metálico central.

Para uma discussão preliminar sobre estereoquímica, não será necessário detalhar a ligação metal-ligante, mas notaremos que, às vezes, será útil chamar a atenção para a configuração eletrônica do metal central. Devemos ter em mente que fatores estéricos e eletrônicos estão envolvidos na determinação da geometria ao redor do metal.

É difícil fornecer generalizações sobre as tendências em número de coordenação nos metais do bloco *d*, porém os principais fatores que governam esse aspecto são:

- o tamanho do átomo ou íon central;
- as interações estéricas entre os ligantes;
- as interações eletrônicas entre o átomo ou o íon central e os ligantes.

Números de coordenação elevados são geralmente esperados para átomos ou íons dos metais do bloco *d* situados nos últimos períodos (períodos 5 e 6) e à esquerda, ponto em que os elementos apresentam raios iônicos maiores. Números de coordenação elevados também são mais comuns quando o íon metálico apresenta poucos elétrons de valência, podendo, assim, aceitar mais elétrons da base de Lewis (ligantes), como no complexo [Mo(CN)$_8$]$^{4-}$ (3d^2), em que o molibdênio se coordena a oito íons cianeto (CN$^-$).

Em contrapartida, esperam-se números de coordenação baixos quando os ligantes são volumosos, bem como na presença de ligantes capazes de formar múltiplas ligações com o metal central, uma vez que os elétrons que cada ligante fornece, tendem a excluir a ligação de outros, como em [MnO$_4$]$^-$ e [CrO$_4$]$^{2-}$. Números de coordenação baixos também se encontram comumente à direita dos metais do bloco d, particularmente se os íons forem ricos em elétrons, visto que são menos capazes de aceitar mais elétrons, como no [PtCl$_4$]$^{2-}$ (5d^8).

Apresentaremos uma visão geral dos números de coordenação e das geometrias comumente encontradas em metais do bloco d. Embora o número de coordenação possa variar de 2 a 12, os mais comumente sintetizados são 4 e 6, que constituirão o foco deste livro. Os exemplos incluídos envolvem complexos mononucleares, ou seja, compostos com um único centro metálico.

1.4.1 Número de coordenação 2 (MX$_2$)

Complexos com número de coordenação 2 são raros e apresentam geometria linear (Figura 1.10). Estes praticamente se restringem aos cátions Cu$^+$, Ag$^+$, Au$^+$ e Hg^{2+}, todos com configuração eletrônica d^{10} (todos os íons metálicos apresentam baixa carga e estão situados à direita do bloco *d*, indicando pequeno tamanho do íon). Exemplos desses complexos são: $[CuCl_2]^-$, $[Ag(NH_3)_2]^+$, $[AuCl_2]^-$ e $HgCl_2$. Em cada um destes, o metal central encontra-se em um ambiente linear. Complexos com número de coordenação 2 frequentemente ganham ligantes adicionais, formando complexos tri ou tetracoordenados.

Figura 1.10 – Complexos com número de coordenação 2: (a) ilustração da forma linear; (b) $[Ag(NH_3)_2]^+$, um exemplo de complexo linear

1.4.2 Número de coordenação 3 (MX_3)

O número de coordenação 3 também é muito raro nos complexos metálicos do bloco *d*, mas pode ser encontrado com ligantes volumosos. Complexos tricoordenados também são mais prováveis em íons metálicos com configuração eletrônica d^{10}, sendo a geometria trigonal-plana a mais comum (Figura 1.11). Nesses casos, o ligante, tal como a trifenilfosfina (PPh_3), é volumoso o suficiente para prevenir números de coordenação elevados. O $[Au(PPh_3)_3]^+$ e o $[AuCl(PPh_3)_2]$ são exemplos de complexos com número de coordenação 3.

Figura 1.11 – Complexos com número de coordenação 3: (a) ilustração da forma trigonal; (b) [Au(PPh$_3$)$_3$]$^+$, um exemplo de complexo trigonal

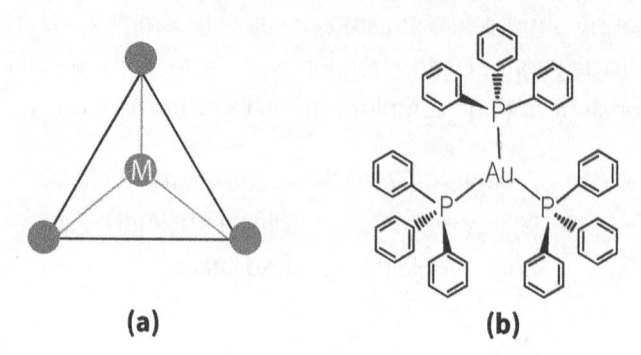

(a)   (b)

1.4.3 Número de coordenação 4 (MX$_4$)

Complexos com número de coordenação 4 são bastante comuns, sendo possíveis duas geometrias diferentes: a tetraédrica e a quadrática plana (Figura 1.12). No complexo tetraédrico, devemos imaginar os quatro ligantes ocupando os vértices de um tetraedro regular, como representado na Figura 1.12a. No outro tipo de tetracoordenação, os quatro ligantes estão ao redor do metal em um arranjo quadrático plano (Figura 1.12b). A geometria tetraédrica é mais comum, enquanto a geometria quadrática plana se encontra quase exclusivamente em metais de transição com configuração d^8.

Figura 1.12 – Ilustração da forma de complexos com número de coordenação 4: (a) tetraédrico; (b) quadrático plano

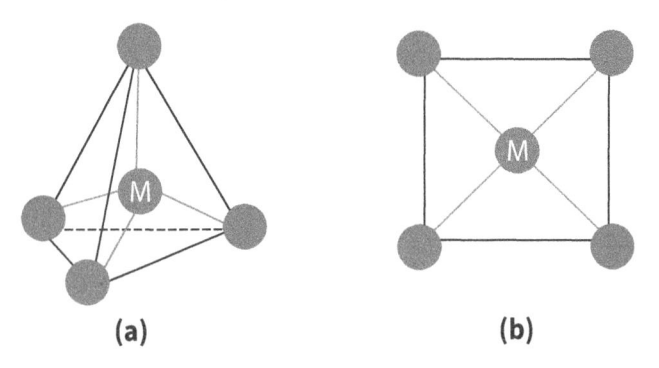

(a)   (b)

A geometria tetraédrica é favorecida sobre números de coordenação mais altos quando o íon metálico é pequeno e os ligantes são grandes (como Cl^-, Br^- e I^-). Os complexos haletos de íons M^{2+} situados à direita da série $3d$ geralmente são tetraédricos, por exemplo, $[FeCl_4]^{2-}$, $[CoCl_4]^{2-}$, $[NiBr_4]^{2-}$ e $[CuBr_4]^{2-}$. Complexos tetraédricos também são comuns para oxoânions de átomos metálicos de elementos situados à esquerda do bloco d em estados de oxidação altos, tais como $[VO_4]^{3-}$, $[CrO_4]^{2-}$ e $[MnO_4]^-$.

A geometria quadrática plana foi originalmente identificada por Alfred Werner em seus estudos com uma série de complexos de Pt^{2+} tetracoordenados, os quais podem levar a diferentes isômeros quando o complexo tem fórmula MX_2L_2, como no caso do complexo $[PtCl_2(NH_3)_2]$ (ver estruturas representadas na Figura 1.7). Complexos quadráticos planos são abundantes para metais com configuração d^8 da segunda e da terceira séries de transição ($4d$ e $5d$), tais como Rh^+, Ir^+, Pd^{2+}, Pt^{2+} e Au^{3+}. Exemplos incluem $[RhCl(PPh_3)_3]$, *trans*-$[IrCl(CO)(PMe_3)_2]$, $[PdCl_4]^{2-}$, $[Pt(NH_3)_4]^{2+}$

e [AuCl$_4$]$^-$. Para metais da primeira série de transição (3d) com configuração d^8 (como o Ni^{2+}), a geometria quadrática plana é favorecida na presença de ligantes capazes de formar ligações π, aceitando elétrons do metal, como em [Ni(CN)$_4$]$^{2-}$. A geometria quadrática plana também pode ser forçada sobre o átomo central por meio da complexação com um ligante que contenha um anel rígido de quatro átomos doadores, a exemplo da formação de complexos de porfirinas sintéticas, como a porfirina de zinco apresentada na estrutura da Figura 1.13.

Figura 1.13 – Estrutura química do ligante porfirina

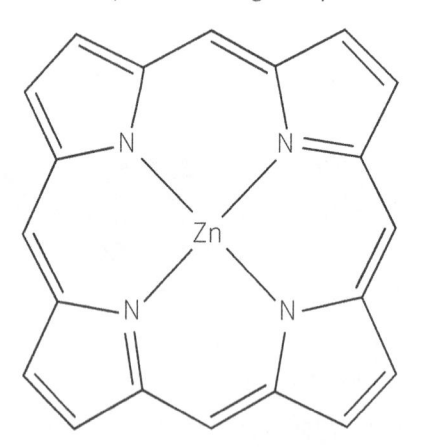

1.4.4 Número de coordenação 5 (MX$_5$)

Complexos com número de coordenação 5 são menos comuns do que complexos com número de coordenação 4 ou 6 e podem, também, assumir duas geometrias (Figura 1.14): bipirâmide trigonal – como o [HgCl$_5$]$^{3-}$ e o [CuCl$_5$]$^{3-}$ – ou pirâmide de base quadrada – como o [WCl$_4$(O)]$^-$, em que o ligante oxido ocupa a posição axial.

Figura 1.14 – Ilustração da forma de complexos com número de coordenação 5: (a) bipirâmide trigonal; (b) pirâmide de base quadrada

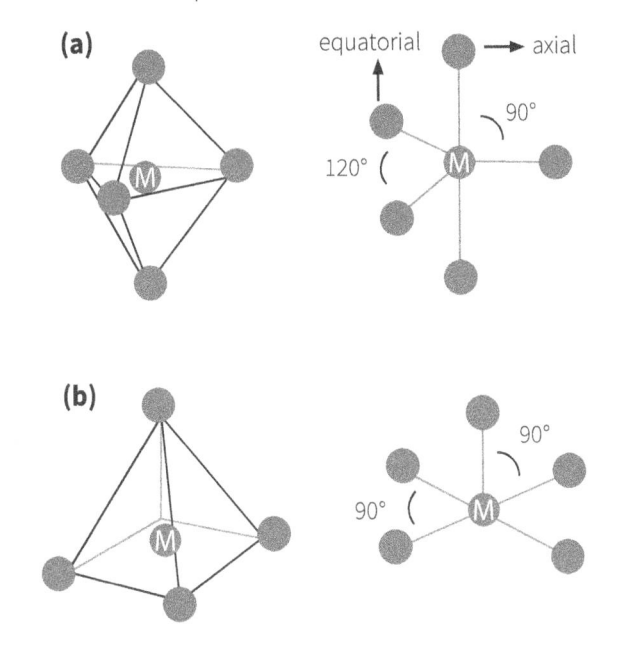

A diferença de energia entre essas duas formas é pequena, e distorções da geometria ideal são comuns. De fato, muitos complexos pentacoordenados podem assumir uma estrutura intermediária entre essas duas formas ou mudar de uma para a outra facilmente. Por exemplo, o complexo neutro [Fe(CO)$_5$] apresenta formato de bipirâmide trigonal no cristal, entretanto, em solução, os ligantes trocam suas posições axiais e equatoriais rapidamente.

A forma bipirâmide trigonal minimiza a repulsão ligante-ligante, enquanto restrições estéricas em ligantes polidentados podem favorecer a estrutura pirâmide de base quadrada.

A geometria pirâmide de base quadrada é encontrada entre as porfirinas biologicamente importantes, nas quais o anel ligante obriga uma estrutura quadrática plana e um quinto ligante se posiciona acima do plano. A Figura 1.15 apresenta, como exemplo, a estrutura do centro ativo da hemoglobina, proteína que transporta oxigênio no sangue (discutiremos mais sobre esse complexo de ferro no Capítulo 4).

Figura 1.15 – Estrutura química simplificada do centro catalítico da hemoglobina

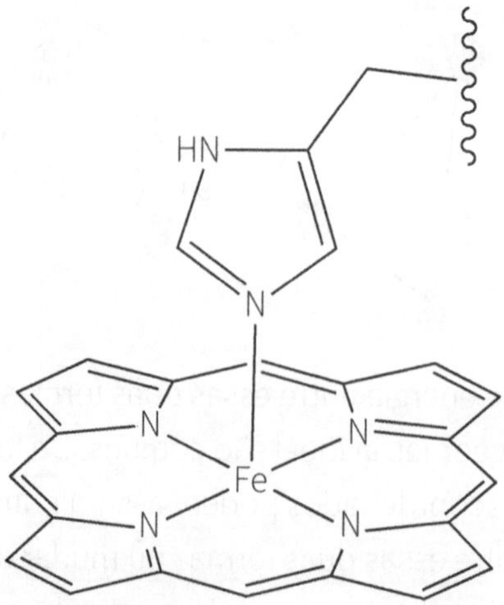

1.4.5 Número de coordenação 6 (MX_6)

Complexos com número de coordenação 6 são os mais numerosos entre todos e podem ser encontrados em metais dos blocos s, p, d e, mais raramente, f. Os complexos do tipo ML_6 quase sempre apresentam geometria octaédrica, em que todos os ligantes são equidistantes do átomo central e todos os ângulos ligante-metal-ligante são de 90° (Figura 1.16). Também podemos pensar em um complexo octaédrico como sendo derivado de uma estrutura quadrática plana, por meio da adição de um quinto ligante acima e um sexto ligante abaixo, em uma linha através do íon metálico central e perpendicular ao plano.

Figura 1.16 – Ilustração da geometria octaédrica

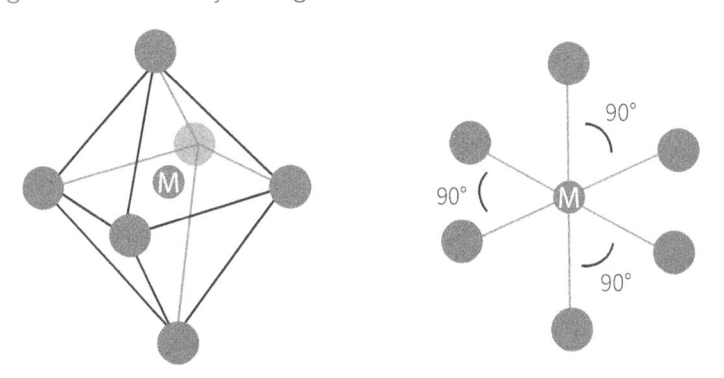

Existem compostos octaédricos de metais de transição com configuração no intervalo de d^0 a d^{10}. Por exemplo, complexos formados pelos íons M^{3+} da série $3d$ normalmente são octaédricos.

Para complexos que não são octaedros regulares, vários tipos de distorções são possíveis, sendo a distorção tetragonal a mais simples. Esta ocorre quando dois ligantes ao longo de um eixo axial diferem dos outros quatro: quando os ligantes *trans* (abaixo e acima do plano) se alongam ou se comprimem, deixando as outras quatro ligações metal-ligante em um arranjo quadrático plano, como podemos observar na Figura 1.17. Para a configuração d^9– particularmente em complexos de Cu^{2+} –, a distorção tetragonal pode ocorrer mesmo quando todos os ligantes são idênticos em razão de um efeito conhecido como *distorção Jahn-Teller* (abordada na Seção 6.2).

Figura 1.17 – Distorção tetragonal da geometria octaédrica: (a) compressão no eixo axial; (b) alongamento no eixo axial

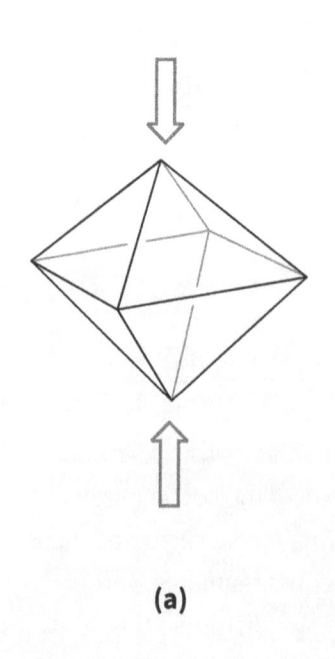

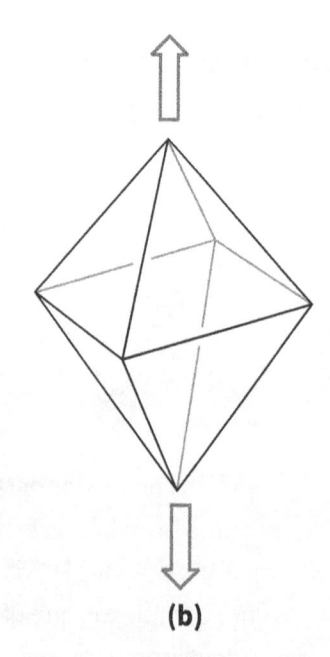

Síntese química

Em um **composto de coordenação**, o átomo ou íon metálico central encontra-se coordenado por duas ou mais moléculas ou íons – os **ligantes**. A ligação metal-ligante é considerada uma interação ácido-base de Lewis, na qual a espécie metálica central atua como **ácido de Lewis** (aceitando um par de elétrons) e os ligantes atuam como **base de Lewis** (doando um par de elétrons). Os átomos dos ligantes que estão diretamente ligados ao íon metálico central são denominados **átomos doadores**.

Os ligantes são os íons ou moléculas coordenadas ao íon metálico central por meio de um ou mais átomos doadores. Ligantes com apenas um átomo doador são denominados **monodentados** e aqueles com mais de um átomo doador são denominados **polidentados**.

A **esfera de coordenação** interna dos complexos é formada pelo **íon metálico central** e pelos **ligantes coordenados** a ele, sendo representada entre colchetes. Os grupos ionizáveis são escritos fora dos colchetes e são chamados de **contraíons**.

O **número de coordenação** de um íon metálico em um complexo pode ser definido como o número de átomos doadores ligados ao metal. O arranjo espacial entre a espécie central e os ligantes define a **geometria do complexo**. Para os números de coordenação entre 2 e 6, são frequentes os seguintes arranjos de átomos doadores: 2 (**linear**), 3 (**trigonal planar**), 4 (**tetraédrico** ou **quadrático plano**), 5 (**bipirâmide trigonal** ou **pirâmide de base quadrada**) e 6 (**octaédrico**).

Prática laboratorial

1. Para cada um dos complexos a seguir, informe o estado de oxidação do metal e sua configuração d^n:
   a) $[Mn(CN)_6]^{4-}$
   b) $[FeCl_4]^{2-}$
   c) $[CoCl_3(py)_3]$
   d) $[ReO_4]^-$
   e) $[Ni(en)_3]^{2+}$
   f) $[Ti(OH_2)_6]^{3+}$
   g) $[VCl_6]^{3-}$
   h) $[Cr(acac)_3]$

2. Qual dos seguintes ligantes pode atuar como ligante bidentado?
   a) NH_3
   b) $C_2O_4^{2-}$
   c) CO
   d) HO^-
   e) PPh_3

3. Qual geometria você associa aos números de coordenação a seguir?
   a) 2
   b) 4
   c) 5
   d) 6

4. Desenhe a estrutura dos seguintes complexos:
   a) *trans*-diaquadicloretoplatina(II)
   b) diamintetra(tiocianato-κ*N*)cromato(III)

5. Nomeie e desenhe as estruturas dos seguintes complexos:
   a) $[Ni(CN)_4]^{2-}$
   b) $[CoCl_4]^{2-}$
   c) $[Mn(NH_3)_6]^{2+}$

Análises químicas
Estudos de interações

1. Um sólido de *pink* tem fórmula $CoCl_3 \cdot 5NH_3 \cdot H_2O$. Uma solução desse sal também é *pink* e, quando titulado com uma solução de nitrato de prata, rapidamente dá origem a 3 mols de AgCl. Quando o sólido *pink* é aquecido, ele perde 1 mol de H_2O, originando um sólido de cor roxa com a mesma razão NH_3:Cl:Co. O sólido roxo, quando titulado com uma solução de $AgNO_3$, libera dois de seus cloretos rapidamente. Deduza as fórmulas dos dois complexos octaédricos, desenhe suas estruturas e nomeie-os.

2. Considere as duas reações balanceadas a seguir. Sugira o produto de cada reação e dê a estrutura de cada complexo formado.

   (a) $AgCl(s) + 2NH_3(aq) \rightarrow$

   (b) $Zn(OH)_2(s) + 2\,KOH(aq) \rightarrow$

Sob o microscópio

1. Em 1913, há mais de cem anos, Alfred Werner foi honrado com o Prêmio Nobel de Química por seu brilhante trabalho sobre a ligação em complexos de coordenação. Atualmente, as ligações nos complexos são explicadas por diferentes teorias (como veremos ao longo deste livro), porém a teoria de Werner trouxe importantes contribuições para compreender a natureza dos compostos de coordenação e para o desenvolvimento da estereoquímica.

   Em geral, no campo da ciência, a teoria vem depois da prática. Em outras palavras: dados experimentais suficientes devem ser acumulados antes que sejam feitas tentativas de explicar tais experimentos e prever novos fenômenos. Como apresentado neste capítulo, as principais descobertas sobre os compostos de coordenação foram realizadas graças ao desenvolvimento de experimentos com os complexos aminocobálticos, com destaque para as pesquisas desenvolvidas pelos químicos Sophus Mads Jørgensen e Alfred Werner.

   Com base nesse relato, faça uma pesquisa (em artigos científicos, livros, *sites* confiáveis) e elabore um texto sobre os experimentos e as conclusões/teorias mais importantes que foram desenvolvidos para explicar a natureza dos compostos de coordenação, incluindo as principais contribuições de Werner (valência e estereoquímica). Finalmente, utilizando suas palavras, comente a famosa controvérsia Jørgensen-Werner.

Para esta atividade, recomendamos alguns artigos científicos disponíveis na internet:

- TOMA, H. E. Alfred Werner e Heinrich Rheinboldt: genealogia e legado científico. **Química Nova**, v. 37, n. 3, p. 574-581, maio/jun. 2014.
- SANTOS, L. M. et al. Química de coordenação: um sonho audacioso de Alfred Werner. **Revista Virtual de Química**, v. 6, n. 5, p. 1260-1281, 2014.
- FARIA, R. F. de. Werner, Jørgensen e o papel da intuição na evolução do conhecimento químico. **Química Nova na Escola**, v. 13, p. 29-33, 2001.

Capítulo 2

Simetria

Vannia Cristina dos Santos Durndell

Início do experimento

Quando pensamos em simetria, intuitivamente é comum que nos venham à mente, em primeiro lugar, questões relacionadas à arte, à natureza, à arquitetura, muito mais do que à matemática. De fato, podemos facilmente encontrar simetria na natureza, como nas asas de uma borboleta, nas pétalas de flores e nas folhas de plantas. De maneira geral, podemos dizer que uma folha ou borboleta apresenta uma alta simetria em virtude da harmonia entre suas formas e proporções. No entanto, do ponto de vista matemático, esses objetos não estão completamente balanceados. Podemos afirmar, portanto, que a simetria apresenta maior restrição àquilo que julgamos simétrico intuitivamente.

Para a química, os objetos de interesse são os íons e as moléculas. No que diz respeito à simetria molecular, nossa intenção consiste em definir precisamente, e não apenas intuitivamente, a simetria das moléculas. Assim, neste capítulo, abordaremos a importância da simetria dos complexos, de forma qualitativa, sem o aprofundamento matemático da teoria de grupo. Além disso, forneceremos um esquema para identificar e descrever os elementos e as operações de simetria, a fim de distinguir os grupos de ponto de uma molécula ou íon.

2.1 Operações e elementos de simetria

É importante termos em mente o conceito de simetria, que pode ser associado à invariância diante de transformações, ou seja, um objeto tem simetria se apresenta duas ou mais orientações indistinguíveis. Essas transformações, ou movimentos que deixam a aparência de um objeto inalterada depois de efetuados, são operações de simetria.

Cada operação de simetria é executada sobre o elemento de simetria associado. Um elemento de simetria pode ser definido como uma entidade geométrica tal como uma linha ou eixo, um plano ou um ponto que representam eixos, centro ou planos abstratos. A validade de cada elemento de simetria pode ser verificada mediante a aplicação da operação de simetria correspondente, seguida pela comparação com o objeto de partida. Assim, a operação de simetria é uma ação que move a molécula, seja por uma rotação a certo ângulo, seja por uma reflexão, seja por uma inversão, por meio de um eixo, um centro ou um plano (elemento de simetria), e leva a arranjos dos átomos da molécula que são indistinguíveis do arranjo inicial. Observe no Quadro 2.1 as operações de simetria mais importantes e seus elementos de simetria correspondentes.

Quadro 2.1 – Operações e elementos de simetria

Símbolo	Operação de simetria	Elemento de simetria
E	Identidade	"Todo o espaço"
C_n	Rotação por 360°/n	Eixo de rotação
σ	Reflexão	Plano de reflexão
i	Inversão	Centro de inversão
S_n	Rotação por 360°/n seguida por reflexão perpendicular ao eixo de rotação	Eixo de rotação imprópria ou eixo de rotorreflexão

Fonte: Weller et al., 2018, p. 63.

A partir deste ponto, sugerimos que você use modelos moleculares tridimensionais para facilitar a visualização dos elementos e das operações de simetria presentes nas moléculas genéricas. Para isso, você vai precisar conhecer o significado de cada elemento e operação de simetria. A seguir, veremos cada um deles detalhadamente.

2.1.1 Identidade (E)

A operação identidade E consiste em uma rotação de 360° (2π), que podemos também identificar como C_1 (360°/1). Verificamos essa operação no esquema representativo apresentado na Figura 2.1. Observe que, quando promovemos uma rotação de 360° em um objeto, que pode ser uma molécula, um íon ou um composto, ele permanece inalterado. Você pode perceber que a ação de rotacionar o objeto por 360° consiste em não fazer nada com ele. Em termos matemáticos, seria equivalente à multiplicação de um número qualquer por 1. Por isso, no estudo de simetria molecular, essa operação é requerida matematicamente para o estabelecimento de algumas relações envolvendo os demais elementos de simetria. Além disso, esse elemento de simetria é necessário para classificar as moléculas em grupos pontuais ou grupos de simetria. Nesse caso, consideramos a molécula como o elemento de simetria. Desse modo, podemos afirmar que todas as moléculas, íons ou compostos apresentam ao menos essa operação, que, para alguns, é a única.

Figura 2.1 – Representação de uma rotação C_1 em torno de um eixo demonstrando a operação Identidade (E)

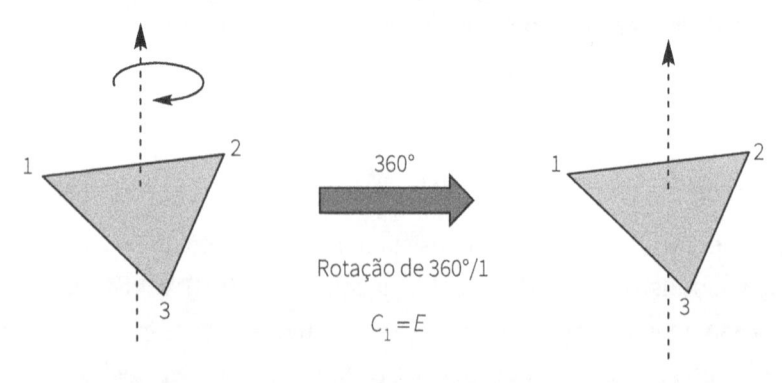

Rotação de 360°/1
$C_1 = E$

2.1.2 Eixo de rotação (C_n)

Podemos considerar um eixo de rotação C_n como um elemento de simetria se, após a aplicação da operação de rotação de $2\pi/n$ ou $360°/n$, a molécula permanecer inalterada. Uma rotação de $2\pi/n$ ou $360°/n$ em torno de um eixo equivale à rotação de uma enésima parte de uma circunferência, em que n se refere ao número de rotações possíveis para a formação de configurações indistinguíveis e define a ordem do eixo de rotação. A operação e o elemento de simetria rotacional devem ser denominados pela letra maiúscula C seguida do número em subscrito que define a ordem do eixo. É importante lembrarmos que, para realizarmos a ação de rotação, devemos posicionar a molécula em torno de um eixo cartesiano (x, y, z). O eixo principal será aquele com ordem mais alta e, por convenção, este deve ser posicionado na posição z que comumente nos indica a direção "vertical". Existem exceções, como no caso de estruturas octaédricas que apresentam alta simetria (isso será discutido mais adiante). Essa operação de simetria pode ser chamada também de *rotação própria* e o elemento de simetria, de *eixo de rotação próprio*.

Na sequência (Figuras 2.2 e 2.3), apresentamos os exemplos das moléculas de água e amônia quando submetidas à operação de rotação em um eixo. Vale lembrar que essas duas moléculas são ligantes importantes na formação de compostos de coordenação com vários metais de transição, como visto no Capítulo 1.

Observe o exemplo da representação genérica da molécula de água (Figura 2.2). Quando rotacionamos a molécula de H_2O por 180° em torno de um eixo posicionado na bissetriz do ângulo HOH, os átomos de H trocam de posição, mas a molécula permanece a mesma. Essa ação troca os átomos de hidrogênio de posição, porém, uma vez que estes são simetricamente equivalentes, podemos afirmar que a molécula apresentou um arranjo indistinguível do original.

Note que, quando posicionamos o eixo principal na bissetriz do ângulo HOH, é possível realizar a rotação em infinitos ângulos; entretanto, somente ao realizarmos a rotação de 180° (360°/2 = 180°), a molécula permanece indistinguível. Rotacionando uma segunda vez em 180° no mesmo sentido, a molécula volta à sua configuração inicial; logo, podemos concluir que $C_2^2 = E$. Por isso, afirmamos que a molécula de H_2O apresenta somente um eixo de rotação C_2, ao qual a operação de rotação de 180° associada é aplicada (rotações de 180° no sentido horário e anti-horário levam a um resultado idêntico). Assim, a molécula de H_2O apresenta o elemento de simetria C_2, pois a operação de rotação de 180° leva a um arranjo indistinguível do inicial.

Figura 2.2 – Representação da rotação C_2 em torno do eixo principal da molécula de H_2O

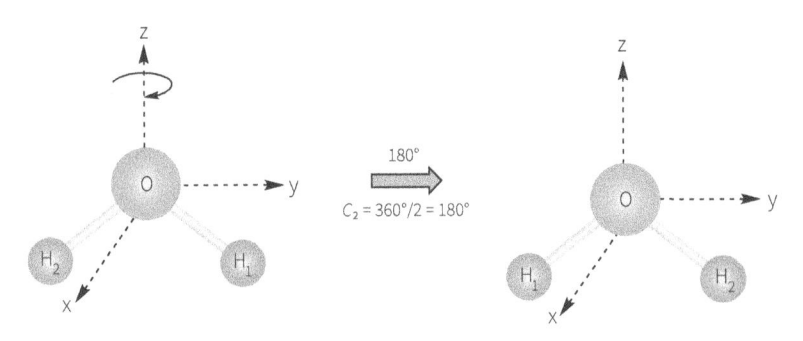

A seguir, na Figura 2.3, observe o exemplo da representação genérica da molécula de amônia (NH_3). A molécula de amônia apresenta uma geometria piramidal trigonal na qual o átomo de nitrogênio ocupa o ápice da pirâmide e os três átomos de hidrogênio ocupam os vértices da base. Nessa configuração, podemos observar que o eixo de rotação principal está posicionado no eixo z no ápice da pirâmide. Dessa forma, notamos que a molécula de amônia apresenta um eixo de rotação ternário denominado C_3, no qual podemos realizar a operação de rotação de 120° (360°/3 = 120°). Perceba que a molécula de amônia apresenta duas operações de rotação associadas a esse eixo, sendo uma de 120° no sentido horário, representada pela linha preenchida, e uma de 120° no sentido anti-horário, representada pela linha tracejada (Figura 2.3).

Ao rotacionarmos a molécula em 120° no sentido horário, percebemos que os átomos de hidrogênio trocam de posição, mas a molécula permanece inalterada. Note que podemos rotacionar mais uma vez por 120° no mesmo sentido e novamente os átomos de hidrogênio trocam de posição sem alterar a molécula. Nesse caso, podemos, de outra forma, rotacionar no sentido anti-horário por 120° e o resultado será idêntico ao da ação de rotacionar por duas vezes no sentido horário por 120° (120° + 120° = 240°), ou seja, $C_3^1 = C_3^2$, que, por sua vez, corresponde a $2C_3$. Dessa forma, é possível afirmar que a molécula de amônia apresenta como elementos de simetria $2C_3$, pois as duas operações de rotação denominadas C_3^1 e C_3^2 que sintetizam a rotação de 120° nos dois sentidos levam a um arranjo indistinguível do inicial.

Figura 2.3 – Representação das rotações C_3 na molécula de NH_3

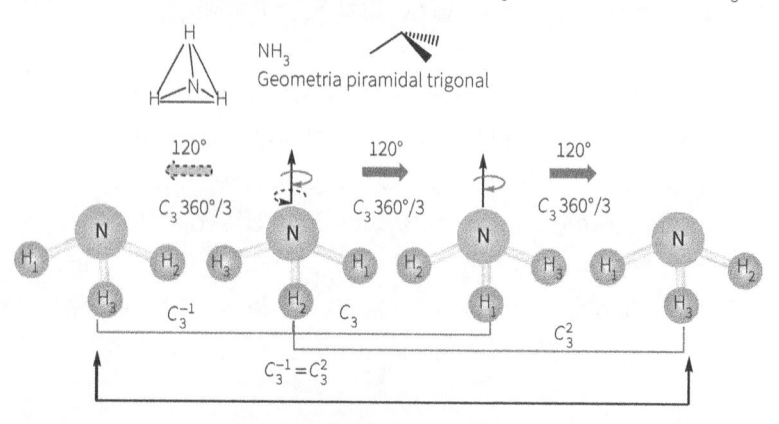

Fonte: Elaborado com base em Housecroft; Sharpe, 2012.

Observe, na sequência, os eixos de rotação presentes na estrutura que representa o íon complexo [PtCl$_4$]$^{2-}$ de geometria quadrática plana (Figura 2.4). Visualize a molécula no plano (x, y) da página de seu livro e o eixo z perpendicular ao plano da página. Podemos notar que o íon apresenta um eixo quaternário (C_4) e eixos binários (C_2). O eixo principal será o C_4 posicionado no eixo z, visto que apresenta maior ordem. Quando promovemos a rotação em 90° (360°/4 = 90°) no sentido horário, podemos verificar que os átomos de cloro trocam de posição, mas a molécula permanece inalterada. Esse mesmo eixo também pode ser rotacionado em 180° (360°/2 = 180°) e, da mesma forma, os átomos de cloro trocam de posição sem que a molécula seja alterada. Além desses eixos C_4 e C_2 no eixo z, podemos notar, na Figura 2.4, a presença de outros eixos de rotação binários (C_2) perpendiculares ao principal. No plano (x, y), existem dois pares de eixos binários. Os eixos denominados C_2' coincidem com os x e y, bem como com as unidades de ligação Cl-Pt-Cl. Os eixos binários denominados C_2'' passam pelas bissetrizes dos ângulos das ligações Cl-Pt-Cl. Assim, podemos afirmar que o íon complexo [PtCl$_4$]$^{2-}$ apresenta os elementos de simetria C_4 e C_2 (2C_4, 1C_2, 2C_2', 2C_2''), pois a operação de rotação de 90° e 180° levam a um arranjo indistinguível do inicial.

Figura 2.4 – Representação das rotações C_4 e C_2 (C_2, C_2' e C_2'') no íon complexo [PtCl4]$^{2-}$

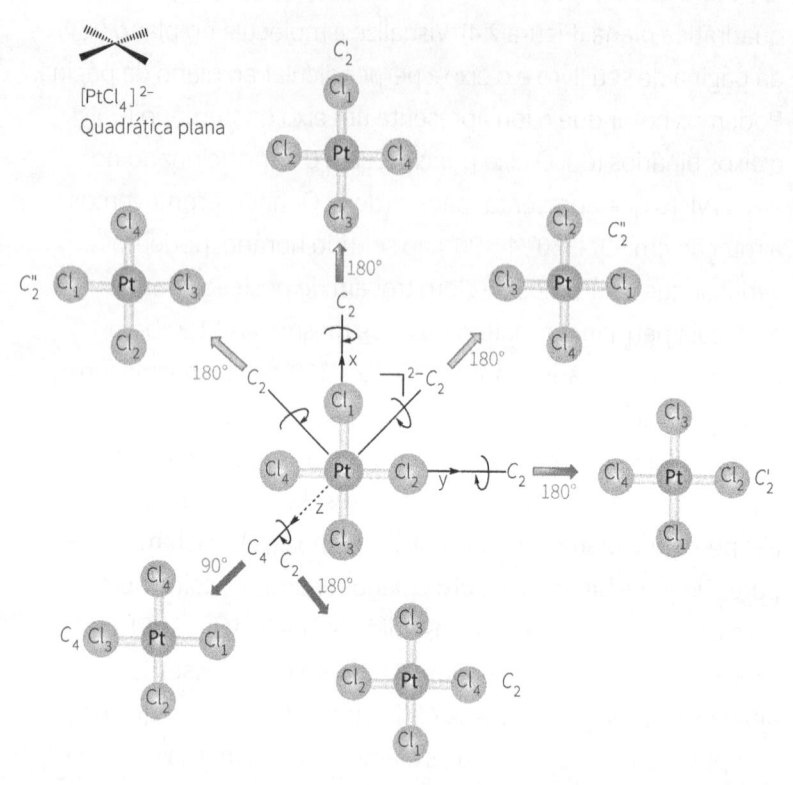

Importante notar que existem três operações de rotação associadas com o eixo C_4 (C_4^1, C_4^2 e C_4^3). Na Figura 2.5, observamos que o eixo C_4 permite rotações tanto no sentido horário quanto no sentido anti-horário. Note que o resultado de uma rotação no sentido anti-horário equivale a três rotações consecutivas no sentido horário, ou seja, $C_4^1 = C_4^3$. O resultado da segunda rotação consecutiva no sentido horário C_4^2, por sua vez, equivale ao resultado de uma rotação C_2, no eixo de rotação C_2 coincidente com o eixo C_4, ou seja, $C_2 = C_4^2$. Assim, podemos afirmar que existem duas operações de rotação associadas ao eixo C_4 (C_4^1 e C_4^3) e $1C_2 (C_2 = C_4^2)$.

Figura 2.5 – Representação das operações de rotação associadas ao eixo C_4 no íon $[PtCl_4]^{2-}$

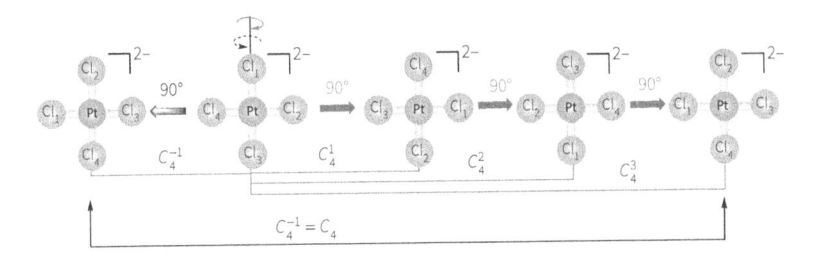

2.1.3 Plano de reflexão (σ)

Podemos considerar um plano de reflexão como um elemento de simetria se a operação de reflexão desse plano imaginário que intercepta a molécula levar a um resultado em que cada metade seja a imagem especular da outra. Nesse caso, a operação de simetria será a reflexão da molécula, que, assim como o elemento de simetria, ou seja, o plano de reflexão, deve ser denominada pela letra grega minúscula sigma (σ) seguida das letras h, v ou d, que definem os tipos de planos.

Os planos de reflexão podem ser:

- **planos horizontais (σ_h)**: planos perpendiculares ao eixo de rotação principal da molécula;
- **planos verticais (σ_v e σ'_v)**: planos que englobam o eixo de rotação principal da molécula e podem coincidir com as direções das ligações;
- **planos diédricos (σ_d)**: planos que também contêm o eixo principal, assim como os planos verticais, porém bissectam o ângulo entre dois eixos de rotação binários (C_2) perpendiculares ao plano principal ou entre dois planos verticais (Willock, 2009).

Podemos observar, na Figura 2.6, a presença de dois planos de reflexão na molécula de H_2O e os resultados dessa operação de simetria. Os dois planos de reflexão são verticais, pois contêm o eixo de rotação da molécula (C_2). Com relação ao plano σ_v, verificamos que ele intercepta a molécula na bissetriz do ângulo de ligação HOH e, como resultado, um átomo de hidrogênio é a imagem especular do outro. O plano σ'_v, além de também conter o eixo de rotação C_2, divide todos os átomos ao meio; assim, o resultado é a imagem especular da outra metade.

Figura 2.6 – Representação dos planos de reflexão σ_v e σ'_v e os resultados das operações de reflexão presentes na molécula de H_2O

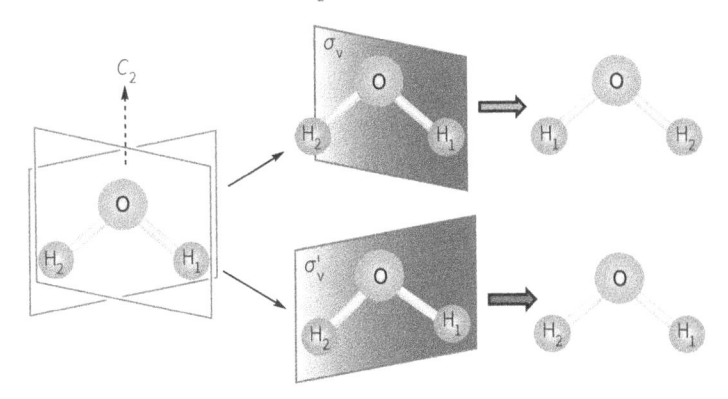

Na Figura 2.7, observe os planos de reflexão do íon complexo $[PtCl_4]^{2-}$ e o resultado da operação de reflexão desses planos. Podemos notar a presença de um plano de reflexão horizontal σ_h, pois ele é perpendicular ao eixo de rotação principal C_4. Além disso, vemos que esse íon apresenta planos verticais σ_v, visto que eles englobam o eixo principal. Esses planos denominados σ_v coincidem com as direções das ligações Cl-Pt-Cl nos eixos C'_2. Os outros dois planos – planos diédricos σ_d – são diferentes dos planos σ_v, pois, além de conterem o eixo principal, também estão situados na bissetriz do ângulo entre dois eixos de rotação C'_2 perpendiculares ao eixo principal. Nesse caso, esses planos coincidem com os eixos C''_2 e interceptam a molécula na bissetriz do ângulo entre os planos verticais. Assim, é possível afirmar que o íon complexo $[PtCl_4]^{2-}$ apresenta os elementos de simetria $2\sigma_v$, $2\sigma_d$ e σ_h, pois a operação de reflexão nesses planos leva a um arranjo indistinguível do inicial.

Figura 2.7 – Representação dos planos de reflexão $2\sigma_v$, $2\sigma_d$ e σ_h e os resultados das operações de reflexão no íon complexo [PtCl$_4$]$^{2-}$

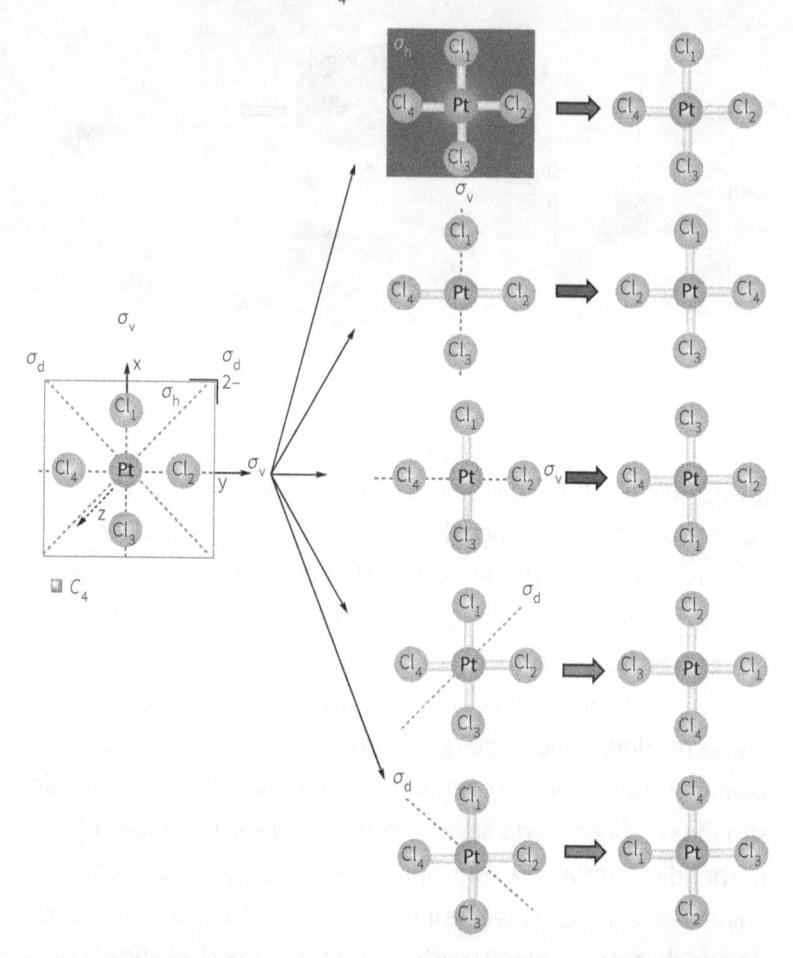

Planos diédricos também podem estar presentes na molécula quando existe mais de um tipo de plano vertical, mesmo se ela não apresentar um plano binário perpendicular ao plano principal, como no exemplo da Figura 2.8. Podemos verificar o complexo genérico que representa uma estrutura octáedrica com quatro ligantes equivalentes no plano equatorial e dois ligantes axiais diferentes entre si e em relação aos demais. Nessa configuração, percebemos um eixo de rotação C_4 e um C_2 passando pelos ligantes axiais. Nesse caso, observamos somente a presença de planos de reflexão verticais, pois eles contêm o eixo de rotação principal. Dois planos verticais passam pelos eixos axiais, que contêm as ligações 4-M-2 e 5-M-3, além de dividirem os ligantes 1 e 6 ao meio. Esses planos são denominados σ_v. A Figura 2.8b evidencia melhor a presença de mais dois planos de reflexão, que, além de conterem o eixo principal, encontram-se na bissetriz do ângulo entre dois planos verticais σ_v. Assim, estes últimos são denominados *planos diédricos*.

Figura 2.8 – Representação dos planos de reflexão $2\sigma_v$ e σ_d e os resultados das operações de reflexão presentes na molécula genérica

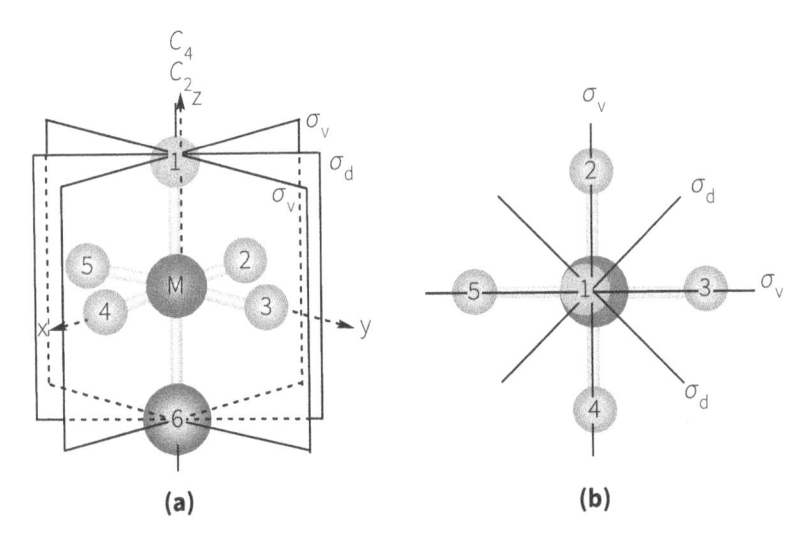

No exemplo anterior, os planos diédricos foram definidos como um tipo de plano vertical. No entanto, esses planos podem ser os únicos em algumas moléculas, como é o caso de moléculas ou íons com alta simetria que apresentam múltiplos eixos de rotação, como as tetraédricas e as octaédricas. Moléculas tetraédricas apresentam quatro eixos de rotação C_3 e três eixos C_2. Nesse caso, não há um plano C_3 principal, pois eles são equivalentes. Cada plano de reflexão contém, ao mesmo tempo, dois eixos C_3 e um eixo C_2. Por outro lado, esses mesmos planos se encontram nas bissetrizes dos ângulos entre os eixos de rotação C_3 e C_2, sendo, assim, denominados *planos diédricos*.

Na Figura 2.9, observe os planos de reflexão diédricos da estrutura tetraédrica do metano CH_4. Os átomos de hidrogênio equivalentes estão representados pelos números de 1 a 4 para facilitar a visualização. Partindo da configuração (a), na qual um átomo de hidrogênio H_1 está sobreposto ao átomo de carbono, observamos três planos diédricos que contêm os pares de átomos de hidrogênios H_1 e H_2; H_1 e H_4; H_1 e H_3. Ao movermos a molécula em outros ângulos, partindo da configuração (a) como referência, a visualização dos outros planos fica mais clara. Na configuração (b), podemos notar a presença do quarto plano de reflexão ($4\sigma_d$) com os pares de átomos de hidrogênio H_3 e H_4, além do plano contendo os pares de átomos de hidrogênio H_1 e H_2. O quinto ($5\sigma_d$) e o sexto ($6\sigma_d$) planos de reflexão diédrico podem ser observados nas configurações (c) e (d), contendo, respectivamente, os pares de átomos de hidrogênio H_2 e H_4; H_2 e H_3.

Figura 2.9 – Representação dos seis planos de reflexão diédricos (σ_d) presentes na molécula tetraédrica do metano CH_4

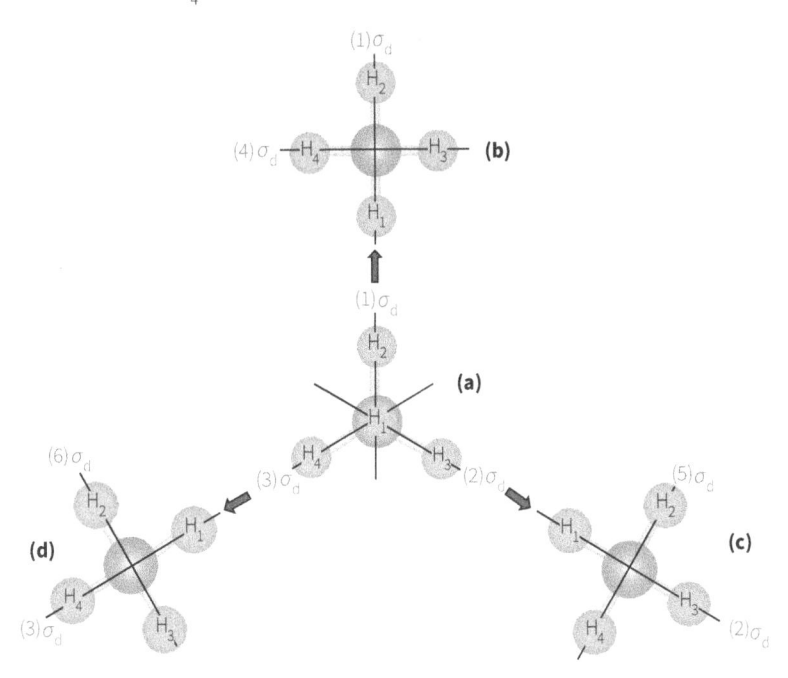

2.1.4 Centro de inversão (*i*)

Um centro de inversão corresponde a um ponto imaginário no centro da estrutura da molécula ou íon. Esse ponto pode ser definido como um centro de inversão ou centro de simetria (*i*) se, ao aplicarmos a operação que move cada átomo de uma molécula em uma linha reta passando por esse ponto no centro da molécula até a outra extremidade de mesma distância, encontrarmos um átomo idêntico. De maneira geral, quando posicionamos a molécula em torno de um eixo cartesiano (x, y e z) após a operação de inversão, um átomo com coordenadas (x, y e z) será movido para ($-x$, $-y$ e $-z$). Vale lembrar que esse ponto imaginário pode ser uma posição ocupada por um átomo ou não. Um exemplo dessa afirmação pode ser observado na molécula de N_2, que apresenta um centro de inversão exatamente no meio dos átomos de nitrogênio.

Vejamos, agora, o exemplo da presença de um centro de inversão no íon complexo $[PtCl_4]^{2-}$ (Figura 2.10). Note que, se partirmos de um átomo de cloro e o projetarmos em linha reta, passando pelo centro, em que nesse caso se encontra o átomo de Pt, ao chegarmos à outra extremidade de mesma distância, encontraremos outro átomo de cloro. Observamos ainda que, partindo de qualquer um dos quatro átomos de cloro da molécula, o resultado dessa operação nos leva a uma molécula inalterada. Assim, podemos afirmar que o íon complexo $[PtCl_4]^{2-}$ comporta o elemento de simetria centro de inversão (i) e a operação de simetria inversão.

Figura 2.10 – Representação do centro de inversão (i) e o resultado da operação de inversão no íon complexo $[PtCl_4]^{2-}$

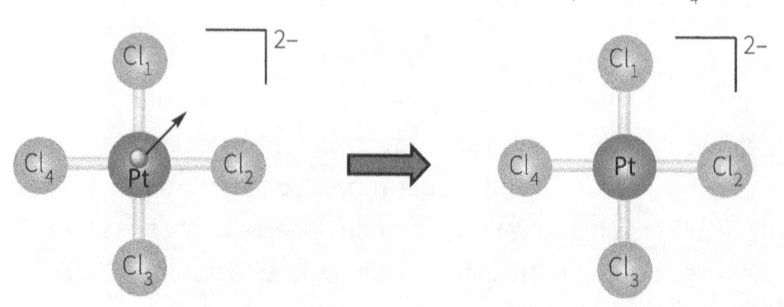

Observe, na sequência, o centro de inversão na representação genérica do íon complexo [CoF$_6$]$^{3-}$, que apresenta uma geometria octaédrica (Figura 2.11). Podemos observar que, no íon, o átomo de Co se encontra no centro da estrutura, que também pode ser definido como centro de inversão da molécula. Se projetarmos os átomos de F em linha reta, passando pelo centro, ao chegarmos à outra extremidade de mesma distância, encontraremos outro átomo de F, ou seja, obteremos a estrutura inalterada como resultado. Dessa forma, podemos afirmar que o íon complexo [CoF$_6$]$^{3-}$ apresenta o elemento de simetria centro de inversão (*i*) e a operação de simetria inversão.

Figura 2.11 – Representação do centro de inversão (*i*) e o resultado da operação de inversão no íon complexo [CoF$_6$]$^{3-}$

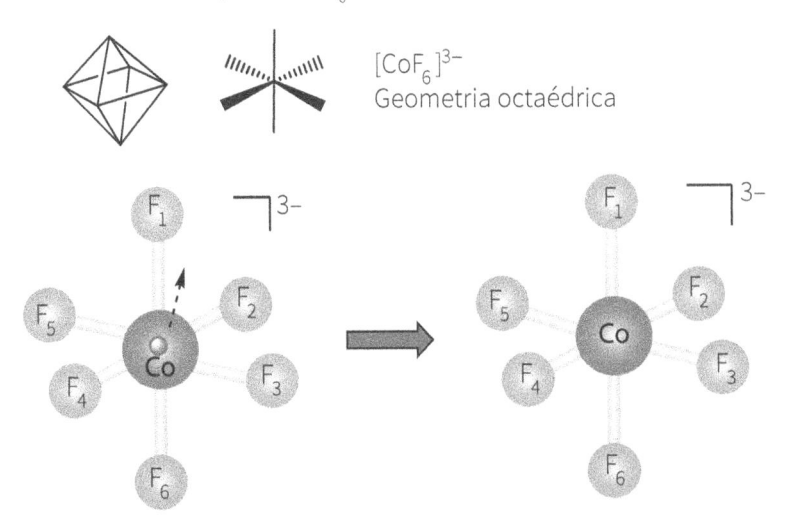

[CoF$_6$]$^{3-}$
Geometria octaédrica

2.1.5 Eixo de rotação impróprio (S_n)

Um eixo de rotação impróprio pode ser definido como um elemento de simetria após a execução da operação composta: etapa de rotação em torno de um eixo (C_n) seguida de uma operação de reflexão no plano perpendicular (σ_h) a esse eixo de rotação (C_n). Se o resultado final dessas duas operações apresentar um arranjo indistinguível do original, podemos afirmar que essa molécula apresenta o elemento de simetria eixo de rotação impróprio e a operação de rotação imprópria. Essa operação e esse elemento de simetria devem ser denominados pela letra maiúscula S seguida do número que define a ordem do eixo. Vejamos o exemplo da molécula de CH_4 na Figura 2.12.

Para melhor visualização, inserimos a molécula de CH_4, que apresenta uma geometria tetraédrica, no interior de um cubo. Note que o átomo de carbono se encontra no centro e os quatro átomos de hidrogênio simetricamente equivalentes estão nos vértices do cubo. Ao realizarmos uma rotação de 90° (C_4) seguida de uma reflexão perpendicular a esse eixo, por um plano horizontal (σ_h), a molécula permanece inalterada. Perceba que, em cada operação realizada, a molécula é deslocada, contudo o resultado final da ação composta leva a um arranjo indistinguível do inicial.

Nesse caso, o conjunto das ações C_4 e σ_h resultou na rotação imprópria S_4 ($C_4 + \sigma_h = S_4$). Essa condição não está necessariamente vinculada à presença desses elementos de simetria na molécula, visto que a molécula de CH_4 apresenta somente eixos C_3 e C_2 e nenhum eixo C_4. Com relação à operação de reflexão, ela apresenta somente planos de reflexão diédricos (σ_d) e nenhum plano horizontal (σ_h). De maneira geral, moléculas com alta simetria podem apresentar eixos C_n e S_n coincidentes, como as moléculas quadráticas planas e octaédricas.

Figura 2.12 – Representação de um eixo de rotação impróprio S_4 e o resultado da operação composta na molécula tetraédrica CH_4

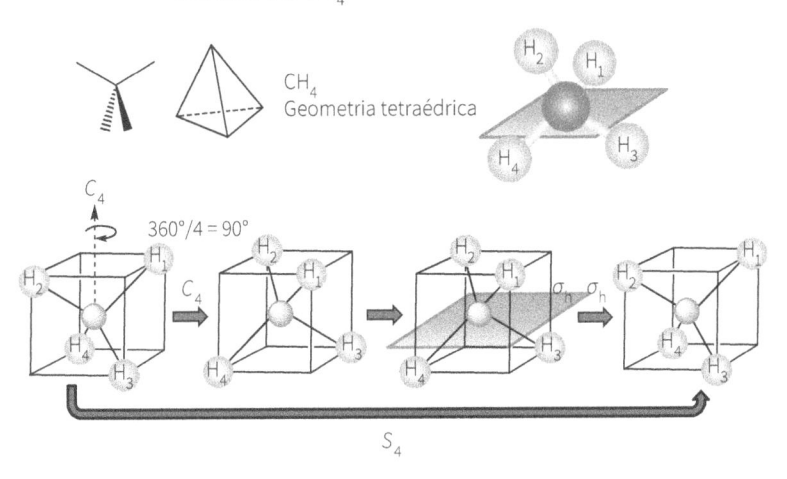

Fonte: Elaborado com base em Huheey; Keiter; Keiter, 1993.

Com relação aos eixos de rotação impróprios S_1 e S_2, algumas observações são necessárias.

Note que a operação S_1 se refere à operação C_1 (rotação de 360°) seguida da reflexão no plano horizontal σ_h, que, por sua vez, apresenta o mesmo resultado de uma reflexão no plano horizontal por si só:

$$S_1 = C_1 \times \sigma_h = \sigma_h$$

Assim, o símbolo σ_h deve ser utilizado em vez de S_1.

Do mesmo modo, a operação S_2, que se refere à operação C_2 (rotação de 180°) seguida da reflexão no plano horizontal σ_h, apresenta o mesmo resultado de uma inversão i:

$$S_2 = C_2 \times \sigma_h = i$$

Assim, o símbolo i deve ser utilizado em vez de S_2.

2.2 Grupos de ponto

Como observamos anteriormente, é possível atribuir a uma mesma molécula ou íon vários elementos e operações de simetria, desde que eles satisfaçam à condição necessária para tal, ou seja, ao menos um ponto dessa molécula deve permanecer inalterado. Desse modo, podemos definir esse conjunto de operações e elementos de simetria a que uma molécula pode ser submetida como um grupo de ponto, ou grupo pontual, ou ainda grupo de simetria. Moléculas ou íons que apresentam os mesmos elementos e operações de simetria são classificados em um mesmo grupo de ponto, ou seja, ainda que duas moléculas ou íons sejam quimicamente distintos, eles podem pertencer ao mesmo grupo de ponto ou mesma simetria.

De acordo com o exemplo da molécula de H_2O (Figuras 2.2 e 2.6), podemos observar que ela apresenta quatro elementos de simetria ($1C_2$, $2\sigma_h$ e E). Essa série de elementos e operações de simetria caracteriza o grupo de ponto C_{2v}, descrito pelo símbolo genérico C_{nv}. A simbologia comumente utilizada para descrever os grupos de ponto foi estabelecida pelo matemático Arthur Schoenflies, por isso é conhecida como *notação de Schoenflies* (Burzlaff; Zimmermann, 2006).

De maneira geral, esses símbolos consistem basicamente nas letras que representam os grupos: os de rotações simples (C_n, C_{nv}, C_{nh}, S_n, D_n, D_{nh} e D_{nd}), entre os quais também estão os grupos de baixa simetria (C_1, C_i e C_s); os grupos de alta simetria (T, O e I, que representam os tetraédricos, os octaédricos e os icosaédricos, respectivamente); e os grupos lineares ($C_{\infty v}$ e $D_{\infty h}$). Os índices n de 1 a 6 representam a ordem do eixo principal de rotação (C, S) ou, ainda, o número de planos de reflexão. Além disso, os índices subscritos h, v e d assinalam a presença de planos horizontais, verticais e diédricos, respectivamente.

A atribuição do grupo de ponto de uma molécula ou íon pode ser feita puramente por arranjos matemáticos, pelas relações formais entre os elementos e operações de simetria. Contudo, existem maneiras mais práticas para fazer a atribuição dos grupos de ponto. Uma delas pode se dar por meio da elaboração de todos os elementos e operações de simetria e por inspeção em tabelas disponíveis na literatura. Essa alternativa pode ser muito útil para as moléculas mais simples, como a água, mas é possível que não seja muito prática para as mais complexas.

A identificação de todos os elementos e operações de simetria permite elaborar as tabelas de caracteres, por meio de arranjos matemáticos, e a transcrição de um grupo de ponto em uma linguagem espacial.

No entanto, a abordagem descrita a seguir tem como objetivo possibilitar uma alternativa factível para alcançar o mesmo objetivo. De maneira geral, os trabalhos descritos na literatura buscam inicialmente separar os grupos de ponto em grupos principais, os quais listamos nos próximos tópicos.

2.2.1 Grupos lineares

Os grupos de ponto lineares podem ser considerados pertencentes aos grupos especiais, pois apresentam eixos de rotação infinitos (C_∞). Esse eixo de rotação coincide com o próprio eixo molecular, ou eixo de ligação. Nessa categoria se encontram os grupos $C_{\infty v}$ e $D_{\infty h}$. Observe os exemplos apresentados na Figura 2.13. As moléculas genéricas representam as moléculas de CO_2 e HCl. Perceba que o eixo de rotação principal contém todos os átomos das moléculas; dessa forma, qualquer rotação apresenta como resultado todos os átomos inalterados. O que diferencia as duas estruturas é a presença de um centro de inversão e um plano de reflexão horizontal que contém o eixo de rotação binário $_\infty C_2$ para o caso do CO_2. Isso porque este apresenta terminações equivalentes (átomos de O), pertencendo, assim, ao grupo de ponto $D_{\infty h}$, enquanto a molécula de HCl pertence ao grupo $C_{\infty v}$.

Figura 2.13 – Grupos de ponto lineares $D_{\infty h}$ e $C_{\infty v}$ representados pelas moléculas de CO_2 e HCl

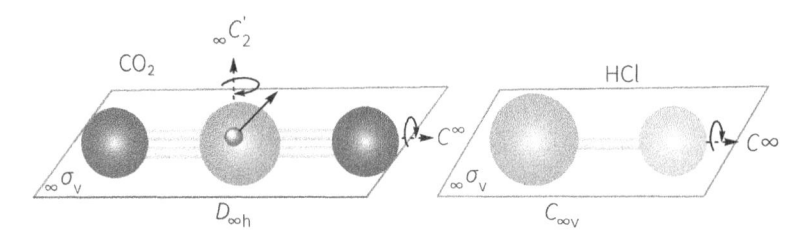

Os complexos que apresentam número de coordenação 2 são lineares e, em sua maioria, formados por íons metálicos com número de oxidação +1, como os íons Cu^{1+}, Ag^{1+}, Au^{1+} e Hg^{2+}. Alguns exemplos são os íons complexos $[CuCl_2]^-$, $[Ag(NH_3)_2]^+$, $[AuCl_2]^-$ e a molécula de $HgCl_2$. Note que todos esses exemplos são compostos por um metal ligado linearmente a dois ligantes equivalentes, o que caracteriza a presença de um centro de inversão e um plano de reflexão horizontal. Assim, podem ser atribuídos ao grupo de ponto $D_{\infty h}$.

2.2.2 Grupos de alta simetria

Os grupos de ponto de alta simetria podem ser considerados especiais, pois apresentam múltiplos eixos de rotação de ordem alta, maiores ou iguais a 3 (C_3, C_4, C_5). Também são especiais pelo fato de serem os mais comumente encontrados na natureza. Esses grupos se apresentam como poliedros com faces perpendiculares aos eixos de rotação de ordem alta e são conhecidos como *poliedros de Platão* (Quadro 2.2).

Quadro 2.2 – Poliedros de Platão

Poliedros	Características		Grupo de ponto
Tetraedro	4 faces triangulares C_3, C_2		T_d
Hexaedro (cubo)	6 faces quadradas C_4, C_3, C_2		O_h
Octaedro	8 faces triangulares C_4, C_3, C_2		O_h
Dodecaedro	12 faces pentagonais C_5, C_3, C_2		I_h
Icosaedro	20 faces triangulares C_5, C_3, C_2		I_h

Fonte: Elaborado com base em Cotton, 1990.

A maioria dos compostos de coordenação apresenta estrutura ou octaédrica, ou tetraédrica, ou suas variações.

A seguir, observe as representações dos elementos de simetria de uma estrutura tetraédrica. Na Figura 2.14, podemos verificar os elementos de simetria presentes na representação da molécula tetraédrica de metano CH_4. As moléculas tetraédricas, como o metano CH_4, apresentam múltiplos eixos de rotação – $4C_3$ e $3C_2$ –, eixo impróprio S_4 e planos de reflexão diédricos. No total, existem $8C_3$, pois cada um dos quatro eixos C_3 apresenta duas operações de rotação associadas (C_3^1 e C_3^2), assim como no exemplo apresentado na Figura 2.3. Como cada um dos três eixos S_4 apresenta duas operações de rotação imprópria associadas (S_4^1 e S_4^3), pois ($S_4^2 = C_2$), existem $6S_4$. Além disso, há $3C_2$ e $6\sigma_d$. Diferentemente dos outros grupos cúbicos, o tetraedro não apresenta centro de inversão. Assim, esse conjunto de elementos de simetria fornece, ao todo, 24 operações de simetria (E, $8C_3$, $3C_2$, $6S_4$, $6\sigma_d$) que caracterizam o grupo de ponto T_d.

Figura 2.14 – Representação dos elementos de simetria presentes na molécula tetraédrica de metano CH_4

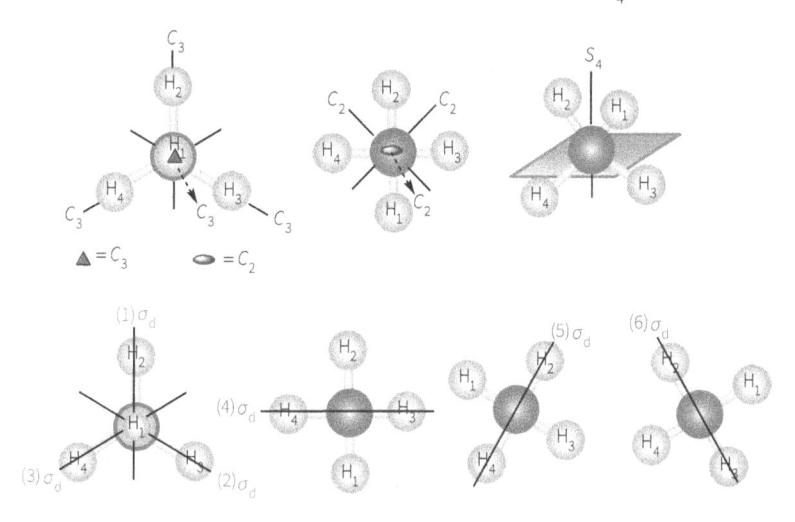

Como discutimos no Capítulo 1, os complexos com número de coordenação 4 apresentam estrutura tetraédrica ou quadrática plana. Os exemplos mais comuns de complexos tetraédricos são os formados por haletos e íons M^{2+} situados à direita da série $3d$, tais como $[FeCl_4]^{2-}$, $[CoCl_4]^{2-}$, $[NiBr_4]^{2-}$, $[CuCl_4]^{2-}$ e $[CuBr_4]^{2-}$. Complexos tetraédricos também são comuns para oxoânions de átomos metálicos de elementos situados à esquerda do bloco *d* em estados de oxidação altos, tais como $[VO_4]^{3-}$, $[CrO_4]^{2-}$ e $[MnO_4]^-$. Note que todos esses íons apresentam quatro ligantes equivalentes ligados ao átomo metálico central. Dessa forma, podemos afirmar que eles apresentam os mesmos elementos de simetria descritos na Figura 2.14, referente a uma estrutura tetraédrica da molécula de metano. Assim, podem ser atribuídos ao grupo de ponto T_d.

Os grupos de ponto de alta simetria muitas vezes são chamados de *grupos cúbicos*, pois é possível relacioná-los à estrutura do cubo. Todos os cinco poliedros podem ser inseridos no interior do cubo, aspecto que tende a facilitar a visualização das operações de simetria, como já verificamos na Figura 2.12 para o caso do tetraedro representando a operação S_4.

Na Figura 2.15, observamos a representação de um octaedro inserido no cubo. Note que, em (a), cada vértice do octaedro se encontra no centro de cada face do cubo. Os eixos *x*, *y* e *z* se cruzam no centro do cubo e cortam cada vértice do octaedro. Dessa forma, cada vértice representa um ligante ligado ao íon metálico no centro do cubo e do octaedro. Os elementos de simetria presentes na estrutura octaédrica genérica podem ser observados de (b) até (f):

- **(b)**: múltiplos eixos de rotação C_4 e C_2, assim como eixos de rotação impróprios S_4 coincidentes com os eixos *x*, *y* e *z*. No total, existem $6C_4$ e $3C_2$, pois cada um dos três eixos C_4 apresenta duas operações de rotação associadas (C_4^1

e C_4^3), como no exemplo da Figura 2.5. Existem $6S_4$, pois cada um dos três eixos S_4 apresenta duas operações de rotação imprópria associadas (S_4^1 e S_4^3), visto que ($S_4^2 = C_2$).

- **(c)**: múltiplos eixos de rotação C_3 coincidentes com eixos de rotação impróprio S_6 que cruzam os vértices do cubo e os centros das faces do octaedro. No total, existem $8C_3$, pois cada um dos quatro eixos C_3 apresenta duas operações de rotação associadas (C_3^1 e C_3^2), como no exemplo da Figura 2.3. Existem $8S_6$, uma vez que cada um dos 4 eixos S_6 apresenta duas operações de rotação imprópria associadas (S_6^1 e S_6^5), pois ($S_6^2 = C_3^2$), ($S_6^3 = i$) e ($S_6^4 = C_3^1$). Além disso, podemos observar a presença de um centro de inversão (*i*), que coincide com a localização do átomo metálico central.
- **(d)**: múltiplos eixos de rotação C_2' que cortam as arestas do cubo e as arestas do octaedro. No total, existem $6C_2'$.
- **(e)**: planos de reflexão horizontais, pois eles são perpendiculares aos eixos de rotação C_4. No total, existem $3\sigma_h$.
- **(f)**: planos de reflexão diédricos, pois não se observa um eixo de rotação principal, sendo todos os eixos C_4 equivalentes. No total existem $6\sigma_d$.

Assim, esse conjunto de elementos de simetria fornece ao todo 48 (E, $8C_3$, $6C_4$, $6C_2'$, $3C_2(= C_4^2)$, i, $6S_4$, $8S_6$, $3\sigma_h$, $6\sigma_d$) operações de simetria que caracterizam o grupo de ponto O_h.

Figura 2.15 – Representação dos elementos de simetria presentes em uma estrutura octaédrica genérica inserida em um cubo, pertencente ao grupo de ponto O_h

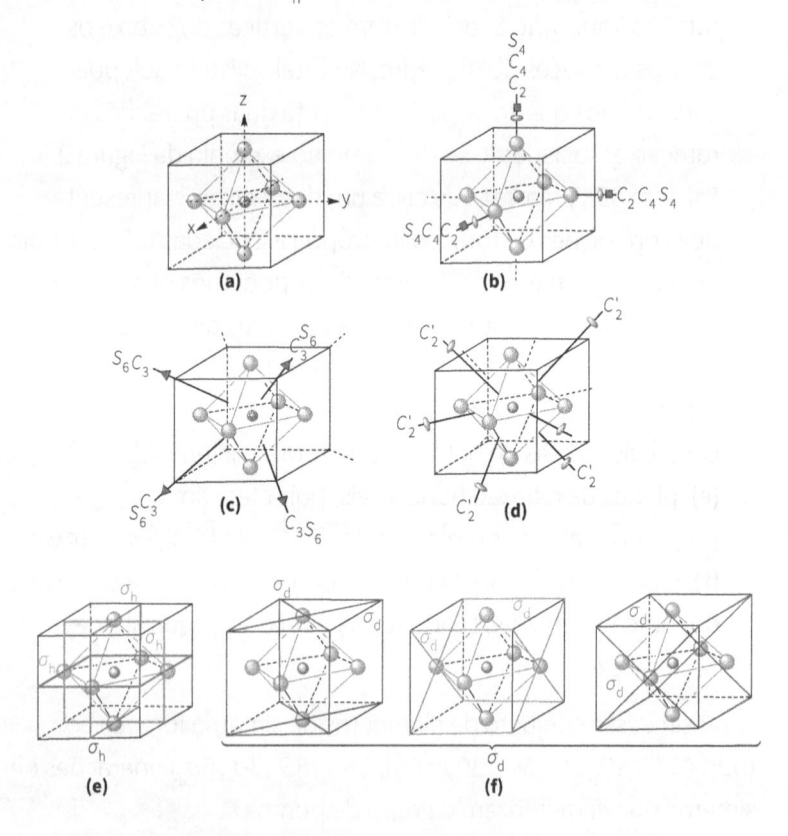

Fonte: Elaborado com base em Willock, 2009.

Complexos com número de coordenação 6, em sua maioria, são octaédricos. Muitos metais de transição ligados aos ligantes H_2O, NH_3, Cl^-, F^-, CO, CN^- etc. tendem a apresentar essa estrutura, assim como os íons complexos $[CoCl_6]^{3-}$, $[Co(H_2O)_6]^{2+}$, $[Cu(H_2O)_6]^{2+}$,

$[Cr(H_2O)_6]^{3+}$, $[PtCl_6]^{2-}$, $[Co(NH_3)_6]^{3+}$, $[Fe(CN)_6]^{3-}$, entre outros. Note que todos esses exemplos são complexos do tipo ML_6 e apresentam seis ligantes equivalentes ligados ao íon metálico central. Desse modo, podemos afirmar que eles apresentam os mesmos elementos de simetria descritos na Figura 2.15, que ilustra uma estrutura octaédrica genérica. No entanto, metais de transição com número de coordenação mais elevado, como 8, além de outros menos comuns, como 12 e 14, também podem apresentar simetria octaédrica. Assim, podem ser atribuídos ao grupo de ponto O_h.

É importante notar que os complexos de simetria T_d e O_h apresentam ligantes equivalentes, por isso têm alta simetria. Entretanto, muitos complexos podem apresentar estrutura tetraédrica ou octaédrica sem apresentar simetria T_d e O_h. Vejamos os exemplos a seguir.

Na Figura 2.16, podemos observar um exemplo de um octaedro distorcido, podendo ser pelo achatamento (a) de um eixo ou ainda pelo alongamento (b) desse eixo. Isso pode acontecer quando uma molécula octaédrica apresenta dois ligantes equivalentes opostos entre si, como no caso do íon complexo *trans*–$[CoCl_2(NH_3)_4]^+$. Como os dois ligantes Cl^- são diferentes dos ligantes NH_3, a distância das ligações também será diferente, por isso dizemos que a estrutura pode ser comparada a um octaedro distorcido, havendo perda de simetria. Os elementos de simetria presentes no íon complexo podem ser observados de (b) até (f):

- **(b)**: somente um eixo de rotação C_4 (denominado *eixo principal*), coincidente com o eixo de ligação *trans*-Cl-Co-Cl, bem como um eixo de rotação C_2 e um eixo de rotação impróprio S_4. Além disso, podemos observar a presença de um centro de inversão, que coincide com a localização do átomo metálico central.

- **(c)**: além desse eixo C_2 no eixo z, podemos notar a presença de outros eixos de rotação binários (C_2) perpendiculares ao principal. No plano (x, y) existem dois pares de eixos binários. Os denominados C_2' coincidem com os eixos x e y, bem como com as unidades de ligação NH_3-Co-NH_3. Os eixos binários denominados C_2' passam pelas bissetrizes dos ângulos das ligações NH_3-Co-NH_3.
- **(d)**: somente um plano de reflexão horizontal, perpendicular ao eixo de rotação principal C_4 no plano das ligações equatoriais em que os ligantes NH_3 se encontram.
- **(e)**: dois planos de reflexão verticais, pois eles contêm o eixo principal C_4.
- **(f)**: dois planos diédricos que contêm o eixo principal e estão situados na bissetriz do ângulo entre dois eixos de rotação C_2' que são perpendiculares ao principal. Nesse caso, esses planos coincidem com os eixos C_2' e interceptam a molécula na bissetriz do ângulo entre os planos verticais.

Assim, esse conjunto de elementos de simetria fornece ao todo 16 (E, $2C_4$, $C_2 (= C_4^2)$, $2C_2'$, $2C_2'$, i, $2S_4$, σ_h, $2\sigma_v$, $2\sigma_d$) operações de simetria que caracterizam o grupo de ponto D_{4h}. Logo, podemos dizer que o íon complexo *trans*-[Co(NH$_3$)$_4$Cl$_2$]$^+$ apresenta simetria D_{4h} e pertence aos grupos de ponto diedrais.

Esse exemplo deixa claro que compostos podem apresentar o mesmo número de coordenação e a mesma geometria, mas simetrias diferentes. Além disso, sob o ponto de vista da simetria molecular, uma distorção octaédrica, como a observada nesse caso, pode ser descrita como uma redução da simetria do complexo de O_h para D_{4h}.

Figura 2.16 – Representação dos elementos de simetria de uma estrutura octaédrica distorcida representada pelo íon complexo $[CoCl_2(NH_3)_4]^+$, pertencente ao grupo de ponto D_{4h}

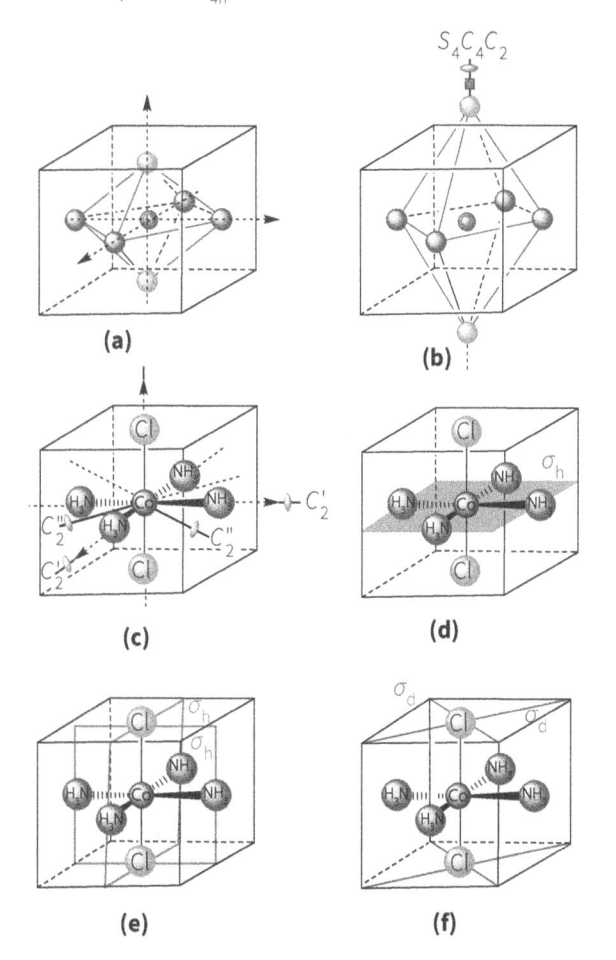

2.2.3 Grupos diedrais D_n

Caso uma molécula não faça parte dos grupos especiais e apresente nC_2 perpendiculares a um eixo principal C_n, podemos afirmar que ela pertence aos grupos de ponto diedrais. Se a molécula não apresenta planos de reflexão, ela pode ser atribuída ao grupo D_n. Observe, na Figura 2.17, a representação do íon complexo [Co(en)$_3$]$^{3+}$ (note que os átomos de hidrogênio dos ligantes não estão representados para facilitar a visualização).

O íon complexo [Co(en)$_3$]$^{3+}$ apresenta três ligantes bidentados (etilenodiamina $NH_2CH_2CH_2NH_2$). Podemos observar a presença de um eixo de rotação principal C_3 e três eixos C_2' perpendiculares ao principal. A molécula não apresenta nenhum plano de reflexão, sendo, por isso, atribuída ao grupo de ponto D_3.

Figura 2.17 – Representação dos elementos de simetria do íon complexo [Co(en)$_3$]$^{3+}$, pertencente ao grupo de ponto D_3

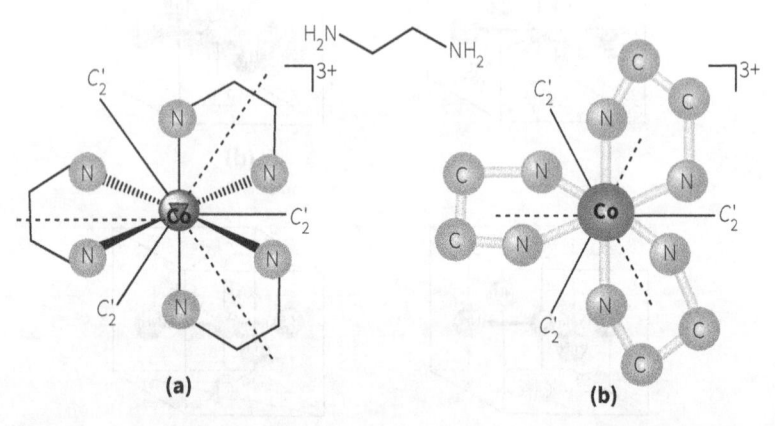

Se uma molécula ou íon pertencente aos grupos diedrais apresentar planos de reflexão horizontais (σ_h), podemos afirmar que integra o grupo de ponto D_{nh}, como no exemplo do íon complexo *trans*-$[CoCl_2(NH_3)_4]^+$ (Figura 2.16). Outro exemplo de íon complexo pertencente ao grupo de ponto D_{4h} é o $[PtCl_4]^{2-}$, apresentado nas Figuras 2.4, 2.5, 2.7 e 2.10. Nesses dois íons complexos, é possível observar a presença de quatro eixos C_2 perpendiculares ao eixo principal C_4 e um plano de reflexão horizontal (σ_h), além de planos verticais (σ_v), diédricos (σ_d) e um centro de inversão (*i*).

Se uma molécula ou íon pertencente aos grupos diedrais não apresentar planos de reflexão horizontal (σ_h) e vertical (σ_v), porém apresentar planos diédricos, ou seja, planos verticais entre as bissetrizes dos ângulos dos eixos C_2, podemos considerar que integra o grupo de ponto D_{nd}. Observe o exemplo apresentado na Figura 2.18, referente à molécula de ferroceno $[Fe(\eta^5 - C_5H_5)_2]$ na conformação alternada.

Analisando a Figura 2.18, em (a) podemos verificar a presença de um eixo de rotação principal C_5 e um centro de inversão *i*. Em (b) observamos a presença de cinco eixos de rotação C_2 perpendiculares ao eixo principal e cinco planos de reflexão diédricos (σ_d). Já em (c) vemos um eixo de rotação impróprio S_{10} coincidente com o eixo C_5. Esses elementos de simetria são característicos de um grupo de ponto D_{5d}.

Figura 2.18 – Representação dos elementos de simetria da molécula de ferroceno [Fe(η^5–C$_5$H$_5$)$_2$] na conformação alternada, pertencente ao grupo de ponto D_{5d}

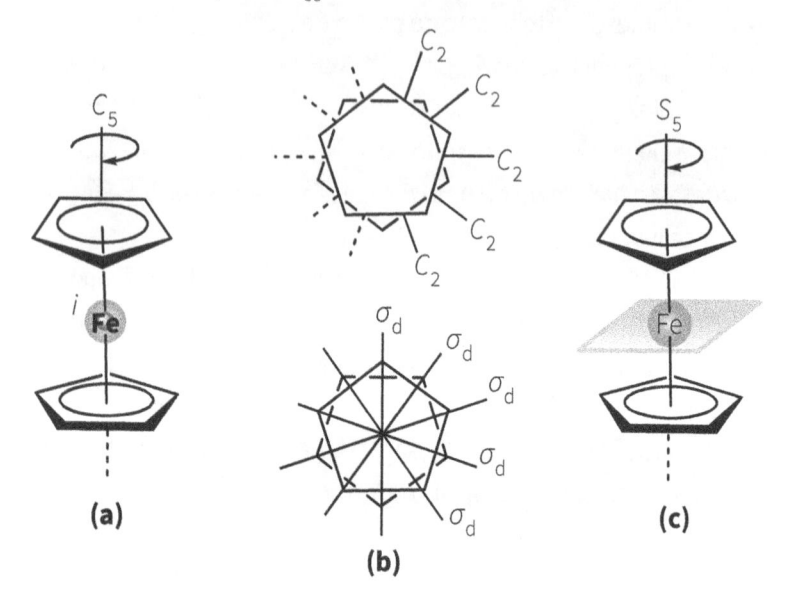

2.2.4 Grupos uniaxiais C_n

Se uma molécula ou íon não faz parte dos grupos especiais e não apresenta nC_2 perpendiculares a um eixo principal C_n, podemos afirmar que pertence aos grupos de ponto uniaxiais, que podem ser:

- C_n, se apresentar somente eixo de rotação C_n como elemento de simetria, além do elemento identidade E;
- C_{nv}, se apresentar planos de reflexão verticais (σ_v);
- C_{nh}, se apresentar também planos de reflexão horizontais (σ_h).

Como exemplo, observe, na Figura 2.19, a representação da molécula de hidrazina (N_2H_4) em dois ângulos diferentes. Podemos verificar a presença de apenas um eixo de rotação C_2 como elemento de simetria, além do elemento identidade E. Essa é uma característica do grupo de ponto C_2.

Figura 2.19 – Representação do elemento de simetria eixo de rotação C_2 para a molécula de hidrazina (N_2H_4), pertencente ao grupo de ponto C_2

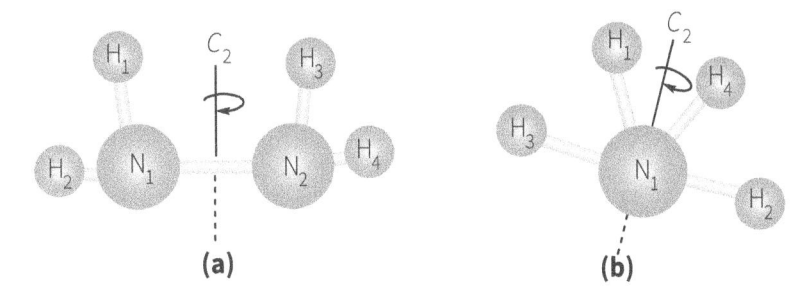

Na Figura 2.20, podemos observar os elementos de simetria do íon complexo $[CoCl(NH_3)_5]^{2+}$. Esse íon pode ser interpretado como uma variação do íon complexo *trans*-$[CoCl_2(NH_3)_4]^+$, apresentado na Figura 2.16, em que houve a substituição de apenas um ligante NH_3 por um ligante Cl^-.

É possível verificar a presença de eixos de rotação C_4 e C_2 (a) e de planos de reflexão verticais (b). Os planos de reflexão dividem-se em verticais (c), pois contêm o eixo de rotação principal e coincidem com as ligações H_3N-Co-NH_3 no plano equatorial, e planos diédricos (d), pois contêm o eixo de rotação principal e bissectam o ângulo entre os verticais, bem como o ângulo entre as ligações H_3N-Co-NH_3. Assim, esse conjunto de elementos e operações de simetria ($2C_4$, C_2, $2\sigma_v$, $2\sigma_d$ e E) é característico de um grupo de ponto C_{4v}.

Figura 2.20 – Representação dos elementos de simetria do íon complexo [CoCl(NH$_3$)$_5$]$^{2+}$, pertencente ao grupo de ponto C_{4v}

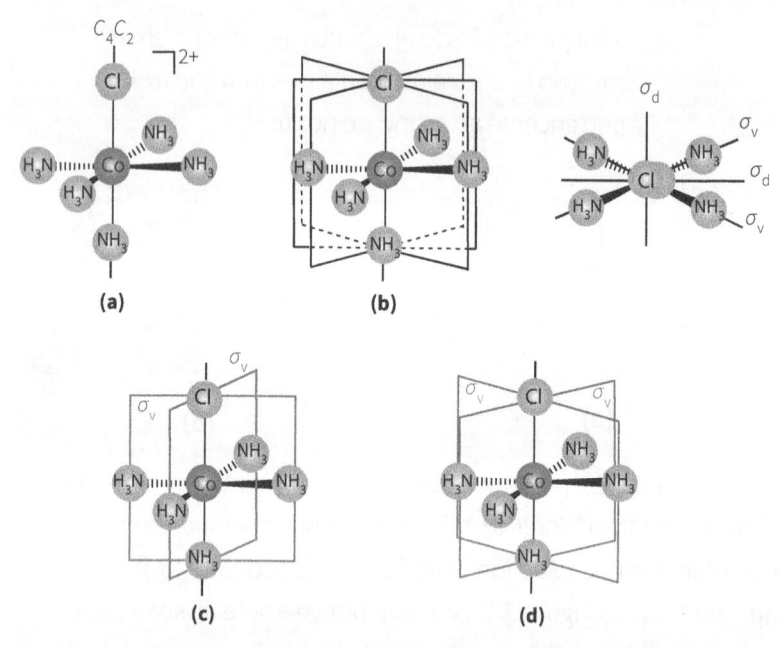

Outro exemplo de molécula pertencente a esse grupo é a de cis-[PtCl$_2$(NH$_3$)$_2$], que apresenta os elementos de simetria C_2, $2\sigma_v$ e E, característicos de um grupo de ponto C_{2v}. Observe que essa molécula cis-[PtCl$_2$(NH$_3$)$_2$] (Figura 2.21) e a molécula de H$_2$O apresentam os mesmos elementos de simetria. Consequentemente, pertencem ao mesmo grupo de ponto, embora sejam quimicamente distintas e apresentem arranjos geométricos diferentes.

Figura 2.21 – Elementos de simetria da molécula de cis-[PtCl$_2$(NH$_3$)$_2$], pertencente ao grupo de ponto C$_{2v}$

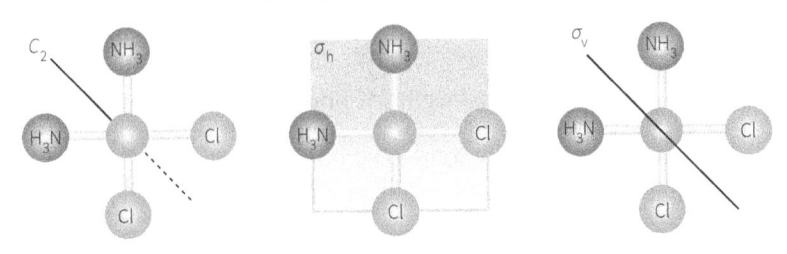

O grupo C$_{nh}$ não é muito comum entre os compostos de coordenação. Nesse caso, além dos eixos de rotação C$_n$, ele também apresenta um plano de reflexão horizontal (σ_h) e um eixo de rotação impróprio (S$_n$). Observe o exemplo da molécula de ácido bórico que consta na Figura 2.22. A molécula de ácido bórico apresenta estrutura planar. Assim, podemos verificar no eixo z a presença de um eixo de rotação C$_3$ e um eixo de rotação impróprio S$_3$. Além disso, há um plano de reflexão horizontal (σ_h). Esses elementos de simetria são típicos de um grupo de ponto C$_{3h}$.

Figura 2.22 – Representação dos elementos de simetria da molécula H$_3$BO$_3$, pertencente ao grupo de ponto C$_{3h}$

(a)   (b)   (c)

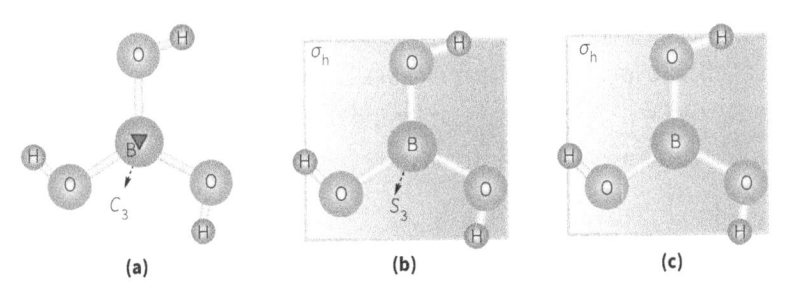

2.2.5 Grupos de baixa simetria

As moléculas podem ser atribuídas aos grupos de baixa simetria se apresentarem apenas um elemento de simetria, incluindo o elemento identidade E. Esses grupos podem ser denominados:

- C_1, se apresentarem somente o elemento identidade E. Moléculas ou íons que contêm ligantes equivalentes apresentam ao menos um elemento de simetria, além do elemento identidade E. Nesse sentido, moléculas ou íons com todos os ligantes diferentes, como consequência, têm apenas o elemento identidade E;
- C_s, se apresentarem o elemento identidade E e um plano de reflexão (σ);
- C_i se apresentarem o elemento identidade E e um centro de inversão (i).

Observe os exemplos apresentados na Figura 2.23. Em (a) vemos uma representação de uma molécula tetraédrica SiHClBrF, que apresenta quatro ligantes (ou grupos) diferentes. Como consequência, a molécula apresenta apenas o elemento identidade E. A presença de somente esse elemento de simetria é típica de um grupo de ponto C_1. Em (b) observamos a molécula planar de C_2H_2BrCl, que apresenta um plano de reflexão (σ) no plano da molécula. Esses elementos de simetria E e σ são típicos de um grupo de ponto C_s. Em (c) verificamos a representação da molécula etano-Br_2Cl_2 na conformação (1S, 2R)-1,2-dicloro-1,2 – difluoretano. Nessa conformação, a molécula apresenta um centro de inversão (i). Esses elementos de simetria E e i são típicos de um grupo de ponto C_i.

Figura 2.23 – Representação de moléculas pertencentes aos grupos de ponto de baixa simetria, C_1, C_s e C_i

$C_1(E)$
(a)

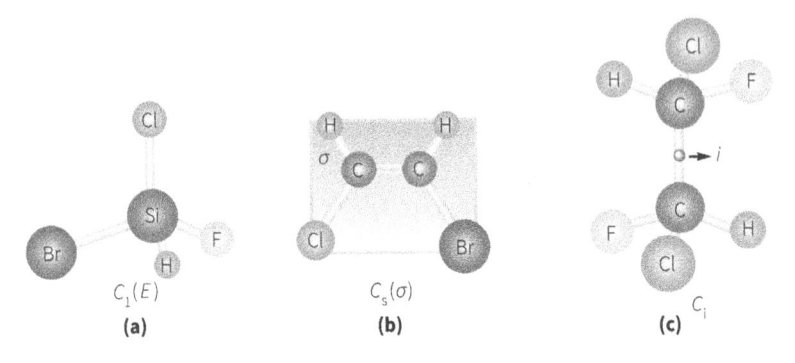

$C_s(\sigma)$
(b)

C_i
(c)

A partir deste ponto, você pode se considerar capaz de identificar as características dos principais grupos de ponto. Com o intuito de facilitar esse processo, podemos utilizar um fluxograma de atribuição de grupos de ponto.

A Figura 2.24 corresponde a um fluxograma que pode ser usado para atribuir os grupos de ponto, por meio de tomadas de decisão. Para isso, você vai precisar responder a cada questão com um afirmativo (👍) ou um negativo (👎), até chegar ao grupo de ponto.

O processo todo pode ser resumido da seguinte forma:

1. Verifique se a molécula ou íon apresenta um C_n.
2. Se sim, verifique se esse C_n faz parte dos grupos especiais:
   a. Se contém um C_∞, ele pertence aos grupos lineares.
      Se apresenta um centro de inversão, ele pertence ao grupo de ponto $D_{\infty h}$; em caso negativo, pertence ao grupo de ponto $C_{\infty v}$.
   b. Verifique se ele faz parte dos grupos especiais de alta simetria (se apresenta múltiplos eixos > C_3): se apresenta eixo C_5 e centro de inversão, pertence ao grupo I_h; se apresenta eixo C_4 e centro de inversão, pertence ao grupo de ponto O_h; e, se apresenta eixo principal C_3 e não contém um centro de inversão (i), pertence ao grupo T_d.
3. Se não faz parte dos grupos especiais, verifique se contém $nC_2 \perp C_n$:
   a. Se sim: se apresenta um σ_h, pertence ao grupo de ponto D_{nh}; se não apresenta um σ_h, mas contém σ_d, pertence ao grupo de ponto D_{nd}; e, se não contém nenhum σ, trata-se de um D_n.
   b. Se não: se apresenta um σ_h, pertence ao grupo C_{nh}; se não apresenta um σ_h, mas contém um σ_v, pertence ao grupo C_{nv}; se não contém um σ, mas apresenta um S_{2n}, pertence ao grupo S_{2n}; e, se não apresenta nenhum σ e nenhum S_{2n}, pertence ao grupo C_n.
4. Se não apresenta nenhum C_n, faz parte dos grupos de baixa simetria: se apresenta um σ, pertence o grupo C_s; se não contém um σ, mas apresenta i, pertence ao grupo de ponto C_i; e, se não apresenta nem σ nem i, pertence ao grupo de ponto C_1.

Figura 2.24 – Fluxograma de atribuição de grupos de ponto

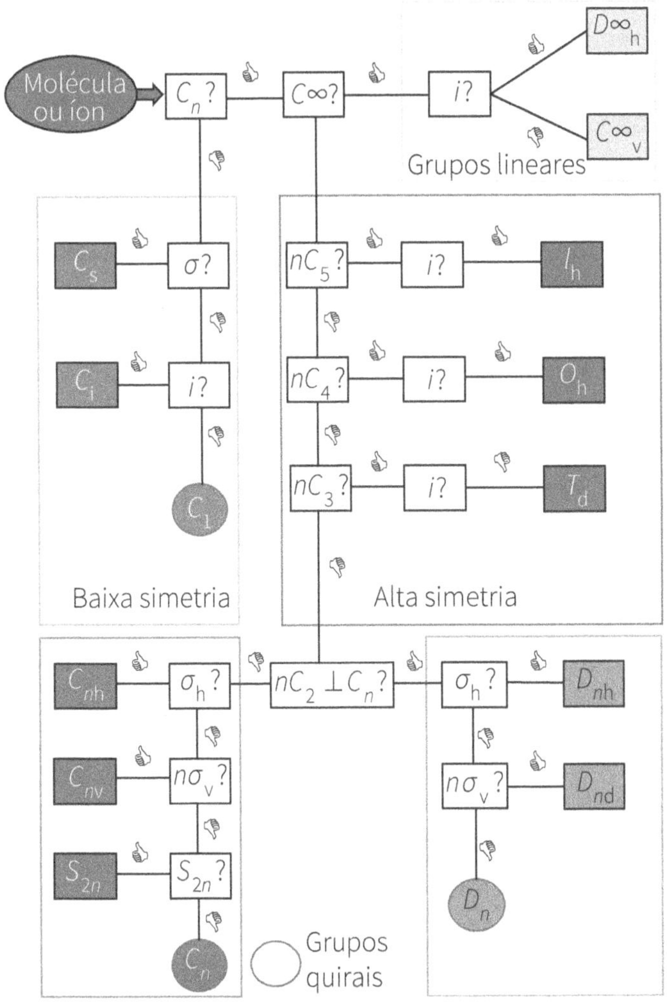

Grupos lineares

Baixa simetria

Alta simetria

Grupos quirais

Fonte: Elaborado com base em Huheey; Keiter; Keiter, 1993.

Note que os grupos que não apresentam plano de reflexão e centro de inversão são puramente rotacionais, sendo representados no fluxograma como grupos quirais. Estes serão discutidos com mais detalhes na sequência.

A abordagem descrita anteriormente requer capacidade de visualização espacial. Mesmo que de início isso possa lhe parecer complexo, o resultado tende a contribuir enormemente para a percepção da forma como as moléculas são estruturadas e facilita a interpretação de dados, bem como das propriedades relacionadas à geometria molecular.

2.3 Aplicações dos conceitos de simetria

As aplicações mais importantes da simetria para o desenvolvimento da química inorgânica estão relacionadas com os seguintes conceitos:

- Previsão da possibilidade de combinação de orbitais atômicos para a formação de orbitais moleculares, pois a condição de simetria dos orbitais atômicos define a formação dos orbitais moleculares – orbitais de mesma simetria podem se combinar para formar um orbital molecular.
- Estudo das propriedades dinâmicas das moléculas; previsão dos modos vibracionais das moléculas por meio das técnicas espectroscópicas na região do infravermelho e Raman;

atribuição das transições em espectroscopia eletrônica. Isso porque, por meio da simetria e da teoria de grupos, podemos determinar quantos estados de energia, quantas transições ou interações e quantas bandas de absorção ou transição eletrônica podem ocorrer entre os átomos de uma molécula ou íon sem a necessidade de nenhum cálculo oriundo da mecânica quântica. Naturalmente, essas observações apresentam limitações de ordem quantitativa, pois a simetria pode indicar que um sistema apresenta dois estados de energia diferentes entre si, quantas bandas de absorção eletrônica ou de transição há em um espectro. No entanto, informações sobre o quanto esses níveis de energia diferem, sobre em que ponto exatamente essas bandas vão ocorrer e sobre quais são suas intensidades somente podem ser obtidas por meio de cálculos quânticos ou medidas experimentais.

Essas aplicações envolvem a determinação das simetrias dos orbitais atômicos e a utilização das regras matemáticas da teoria de grupos. Contudo, podemos usar os conceitos de simetria para aplicações mais diretas e simples, como a previsão de polaridade e quiralidade das moléculas, como veremos a seguir.

2.3.1 Polaridade

Por meio dos conceitos de simetria, podemos prever se uma molécula é polar. Vamos inicialmente relembrar o que define a polaridade de uma molécula.

Para que uma molécula seja considerada polar, ela deve apresentar um momento de dipolo elétrico permanente. Agora, você deve estar se perguntando como a simetria pode prever essa condição. Pode acreditar que você será capaz de realizar isso de maneira muito simples. São três as condições de simetria que definem se a molécula pode ser polar ou não:

1. **Centro de inversão i**: se a molécula apresenta um centro de inversão, ela é considerada apolar, pois a presença desse elemento de simetria indica que ela está estruturalmente distribuída de maneira equivalente, assim como suas cargas elétricas, eliminando a possibilidade de apresentar um momento de dipolo elétrico.
2. **Plano de reflexão horizontal σ_h**: se a molécula contém um σ_h, ela apresenta átomos equivalentes, sendo eliminada a possibilidade de apresentar um momento de dipolo elétrico perpendicular.
3. **Eixo de rotação $C_2 \perp C_n$**: da mesma forma que a presença de um σ_h, a presença de um eixo de rotação indica a existência de átomos equivalentes, assim como a distribuição de cargas elétricas, eliminando a possibilidade de apresentar um momento de dipolo perpendicular a esse eixo.

Somente moléculas pertencentes aos grupos de ponto de baixa simetria (C_1 e C_s) e C_{nv} podem ser polares, como as moléculas de H_2O (C_{2v}) e de NH_3 (C_{3v}).

2.3.2 Quiralidade

Por meio dos conceitos de simetria, podemos prever se uma molécula é quiral. Essa característica pode ser verificada quando a molécula satisfaz a uma condição necessária e suficiente: a ausência de um eixo de rotação impróprio S_n.

Uma molécula apresenta quiralidade se não é sobreponível à sua própria imagem de reflexão. Como consequência, as propriedades químicas dessas moléculas podem ser diferentes. Uma molécula quiral e sua imagem são definidas como enantiômeros. Elas apresentam atividade óptica, ou seja, têm a capacidade de girar o plano de luz polarizada.

É importante notar que a operação de simetria S_n é composta. Logo, devemos ter em mente que:

$$S_1 = C_1 \times \sigma_h = \sigma$$
$$S_2 = C_2 \times \sigma_h = i$$

Dessa forma, se a molécula apresenta um plano de reflexão e/ou um centro de inversão, ela não é quiral.

As moléculas que pertencem aos grupos de ponto puramente rotacionais C_1, C_n, D_n apresentam quiralidade. A maior parte dos complexos quirais apresenta número de coordenação 4 com simetria D_3 ou C_3. Esses complexos contêm alguns elementos de simetria, por isso não devem ser chamados de *assimétricos*, mas de *dissimétricos*.

Síntese química

Podemos atribuir a uma mesma molécula ou íon vários **elementos e operações de simetria**, desde que eles satisfaçam à condição necessária para tal, ou seja, ao menos um ponto da molécula ou íon deve permanecer inalterado.

Um **elemento de simetria** pode ser definido como uma entidade geométrica tal como uma linha ou eixo, um plano ou um ponto que representam eixos, centro ou planos abstratos. A validade de cada elemento de simetria pode ser verificada aplicando-se a operação de simetria correspondente e, em seguida, fazendo-se a comparação com o objeto de partida.

Uma **operação de simetria** é uma ação que move a molécula, seja por uma rotação a certo ângulo, seja por uma reflexão, seja por uma inversão, por meio de um eixo, um centro ou um plano (elemento de simetria), e leva a arranjos dos átomos da molécula que são indistinguíveis do arranjo inicial.

Cada molécula ou íon apresenta um conjunto de elementos e operações de simetria. No entanto, muitas moléculas ou íons podem apresentar os mesmos elementos e operações de simetria, sendo, portanto, classificados em um mesmo **grupo de ponto** ou **grupo de simetria**. Esses grupos podem ser classificados como: **grupos especiais**, que incluem os **grupos lineares** e os **grupos de alta simetria**; **grupos diedrais**; **grupos uniaxiais**; e **grupos de baixa simetria**.

A utilização desses conceitos pode trazer muitas informações sobre as propriedades das moléculas ou íons. Por meio da simetria, podemos facilmente identificar se uma molécula é polar ou se é quiral, ou seja, se apresenta atividade óptica.

Prática laboratorial

1. A molécula de NH_3 apresenta geometria piramidal trigonal. Com relação às operações e aos elementos de simetria, assinale se as afirmações a seguir são verdadeiras (V) ou falsas (F):
   ( ) A molécula apresenta um eixo de rotação de ordem 3.
   ( ) A molécula apresenta um eixo C_2 perpendicular ao eixo C_3.
   ( ) A molécula apresenta planos de reflexão horizontais σ_h.
   ( ) A molécula apresenta os elementos de simetria $1C_3$, $3\sigma_v$ e E.
   ( ) A molécula pode ser atribuída ao grupo de ponto C_{3v}.

   Agora, assinale a alternativa que corresponde à sequência obtida:
   a) V, F, F, V, V.
   b) V, V, F, F, V.
   c) V, F, V, F, V.
   d) V, F, V, V, F.
   e) F, V, F, V, V.

2. O complexo cis-$[PtCl_2(NH_3)_2]$ pode ser atribuído ao grupo de ponto C_{2v}. Qual é o grupo de ponto para o complexo trans-$[PtCl_2(NH_3)_2]$?
   a) D_{2h}
   b) C_{2h}
   c) D_{4h}
   d) C_{2v}
   e) D_4

3. O complexo de ferroceno $[Fe(\eta^5\text{-}C_5H_5)_2]$ na conformação alternada apresenta o conjunto de elementos de simetria $1C_5$, $5C_2$, $5\sigma_d$, $1S_{10}$, i e E. Quais são os elementos

de simetria para a molécula de ferroceno [Fe(η^5-C_5H_5)$_2$] na conformação eclipsada?

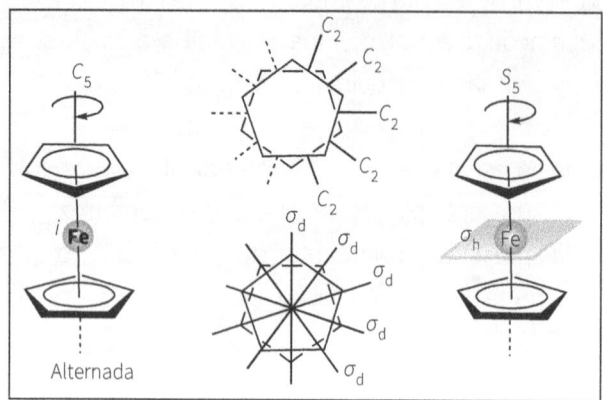

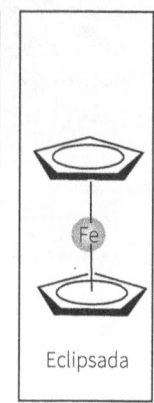

a) $1C_5$, $1C_2$, $2\sigma_v$, $2\sigma_h$, $1S_5$ e E.
b) $1C_5$, $3C_2$, $5\sigma_v$, $1S_5$ e E.
c) $1C_5$, $5C_2$, $5\sigma_h$, i e E.
d) $1C_5$, $5C_2$, $5\sigma_h$, $1\sigma_d$, $1S_{10}$ e E.
e) $1C_5$, $5C_2$, $5\sigma_v$, $1\sigma_h$, $1S_5$ e E.

4. Moléculas ou íons contendo plano de reflexão, centro de inversão e eixo de rotação impróprio não podem ser opticamente ativos/quirais. Com base nisso, diferencie as moléculas ou íons que são quirais dos que não são quirais:

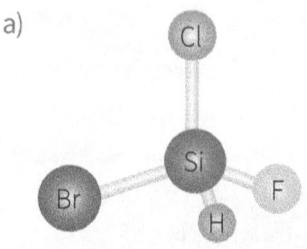

a)

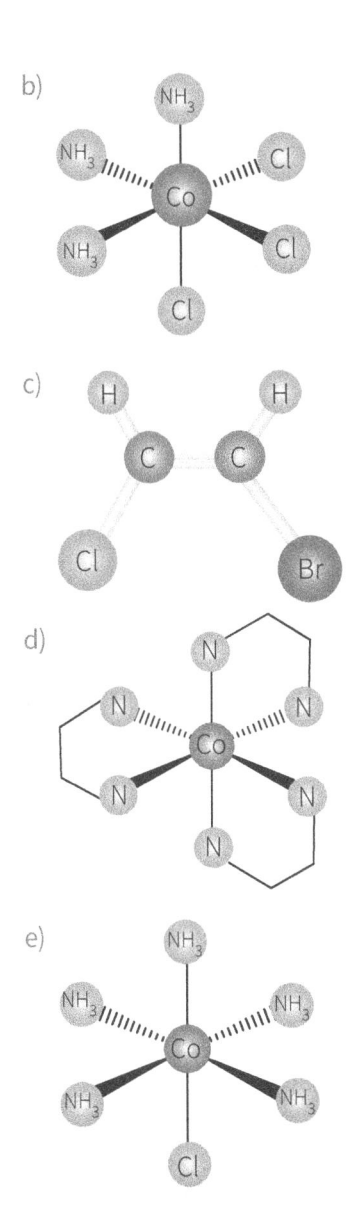

b)

c)

d)

e)

Agora, assinale a alternativa que corresponde à sequência obtida:
a) Não quiral, quiral, não quiral, quiral, quiral.
b) Quiral, quiral, não quiral, não quiral, quiral.
c) Quiral, não quiral, quiral, quiral, não quiral.
d) Quiral, não quiral, não quiral, quiral, não quiral.
e) Não quiral, quiral, não quiral, não quiral, quiral.

5. Analise as afirmações abaixo acerca dos conceitos de simetria:
   I. Uma molécula quiral é aquela que apresenta apenas um plano de reflexão.
   II. Uma molécula que apresenta os elementos de simetria C_2 perpendiculares a C_3, σ_h, S_3 e E pode ser atribuída ao grupo de ponto D_{3h}.
   III. Moléculas pertencentes aos grupos de ponto D_n não apresentam nenhum eixo de rotação.
   IV. O íon complexo $[Co(NH_3)_6]^{3+}$ apresenta centro de simetria, plano de reflexão e eixo $C_2 \perp C_n$, por isso não pode ser considerado polar.
   V. Moléculas pertencentes aos grupos de ponto de alta simetria devem sempre apresentar eixos maiores do que C_4.

   Está correto apenas o que se afirma em:
   a) I e II.
   b) II, III e IV.
   c) I, III e V.
   d) II e V.
   e) I e IV.

Análises químicas

Estudos de interações

1. O íon complexo [PtCl$_4$]$^{2-}$ pertence ao grupo de ponto D_{4h}. Quais elementos de simetria não se observariam mais se substituíssemos um ligante Cl$^-$ por outro ligante qualquer? E qual seria o grupo de ponto a que o íon pertenceria?

2. Determine os grupos de ponto das seguintes moléculas ou íons:

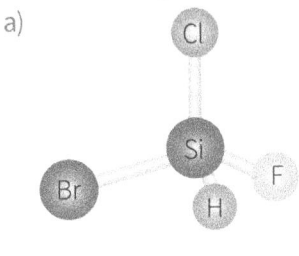

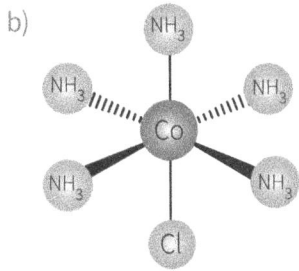

   a)

   b)

c)

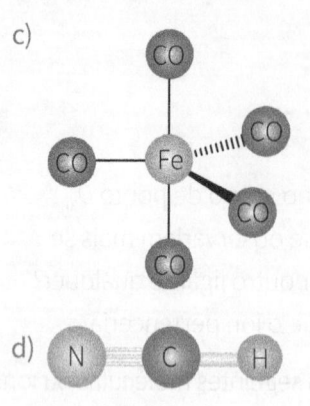

[Estrutura: Fe central com 5 ligantes CO em geometria bipiramidal trigonal]

d) N≡C—H

Quais dessas moléculas ou íons são polares? Explique. Quais dessas moléculas ou íons são quirais? Explique.

3. De acordo com a simetria da molécula de ferroceno [Fe(η^5-C$_5$H$_5$)$_2$] na conformação eclipsada, aponte se ela pode ser polar.

Sob o microscópio

1. Faça um fichamento deste capítulo sobre simetria. Com as próprias palavras, elabore um resumo com as principais ideias apresentadas. O texto deve conter entre 500 e 1.000 caracteres.

Capítulo 3

Isomeria

Vannia Cristina dos Santos Durndell

Início do experimento

Os conceitos de isomeria foram muito importantes para o desenvolvimento da química de coordenação. Eles foram introduzidos por Alfred Werner, que, desde o início de seu trabalho, reconheceu a possibilidade de haver mais de um arranjo estrutural em uma esfera de coordenação, ou seja, ele previu a existência de isômeros.

Podemos definir *isomeria* como a condição na qual compostos de coordenação com a mesma fórmula molecular podem apresentar mais de um arranjo diferente e, como consequência, propriedades diferentes. Assim, um complexo, de mesma composição, pode ter um isômero se apresentar mais de uma configuração diferente, seja com distribuições atômicas, seja com distribuições geométricas.

Desse modo, com a leitura deste capítulo você será capaz de responder à seguinte questão: Por que compostos de mesma fórmula química podem apresentar propriedades diferentes? Para tanto, abordaremos os tipos de isomeria presentes nos compostos de coordenação, dando maior ênfase às isomerias espaciais: geométrica e óptica. Você vai notar que, após as considerações acerca dos conceitos de simetria discutidos no capítulo anterior, já será mais fácil trabalhar com a isomeria espacial.

3.1 Tipos de isomeria dos complexos

De maneira geral, a isomeria pode ser dividida em dois tipos principais: estrutural e espacial. Isômeros podem apresentar propriedades físico-químicas diferentes, tais como polaridade, cor, ponto de fusão, solubilidade, velocidade de reação em uma reação específica, características espectrais, entre outras. A seguir, examinaremos detalhadamente esses dois tipos de isomeria e suas subdivisões.

3.1.1 Isomeria estrutural ou constitucional

Podemos considerar como isômeros estruturais ou constitucionais aqueles que diferem entre si pela natureza do ligante ou pela maneira como eles estão ligados ao átomo metálico central. Embora sua constituição seja a mesma, isto é, apresentem a mesma fórmula molecular, as ligações entre os átomos podem ser diferentes. Esses isômeros podem ser divididos em isômeros de ligação, de coordenação, de ionização e de hidratação, como veremos nas subseções a seguir.

3.1.1.1 Isômeros de ligação

A isomeria de ligação ocorre na presença de ligantes, chamados de *ambidentados*, que podem oferecer mais de um átomo coordenante ou doador em potencial. Desse modo, podem se ligar por mais de uma forma ao átomo central, levando a propriedades diferentes. A Figura 3.1 apresenta como exemplo um complexo com o ligante NO_2^- de fórmula $[Co(NH_3)_5NO_2]^{2+}$. Observe que o composto hexacoordenado, com geometria octaédrica, apresenta um ligante NO_2^-, capaz de se ligar tanto pelo átomo de N (Co-N), formando a ligação nitrito-κN (a), como pelo átomo de O (Co-O), formando a ligação nitrito-κO (b). Nesse ligante, tanto o átomo de N como o de O apresentam ao menos um par de elétrons disponível para realizar a coordenação com o átomo metálico central. Quando ocorre a coordenação pelo átomo de O (ligação nitrito-κO), o complexo apresenta cor vermelha e, quando se coordena pelo átomo de N (ligação nitrito-κN), apresenta cor amarela.

Figura 3.1 – Isômeros de ligação (a) $[Co(NH_3)_5NO_2]^{2+}$ e (b) $[Co(NH_3)_5ONO]^{2+}$ pela presença de um ligante ambidentado NO_2^-

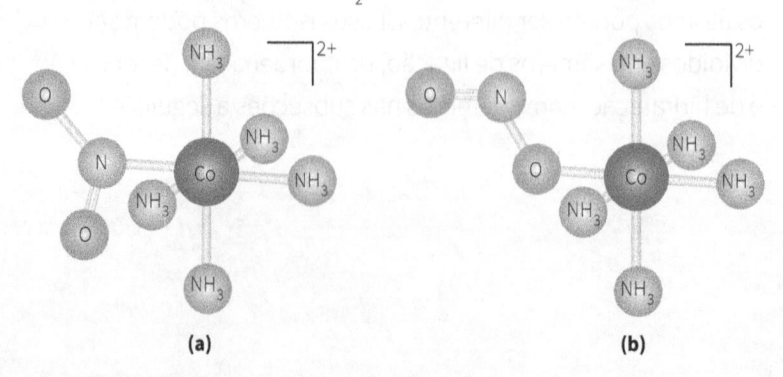

Outro exemplo de ligante ambidentado é o íon tiocianato SCN⁻, em que os átomos S e N apresentam ao menos um par de elétrons disponível para realizar a coordenação com o átomo metálico central. Dessa forma, o complexo $[Fe(SCN)(OH_2)_5]^{2+}$ pode apresentar dois isômeros de ligação (Figura 3.2): o isômero (a) $[Fe(\underline{N}CS)(OH_2)_5]^{2+}$ forma ligação com o átomo metálico pelo átomo de N, levando à formação de complexos de tiocianato-κN, e o isômero (b) $[Fe(\underline{S}CN)(OH_2)_5]^{2+}$ forma ligação com o átomo metálico pelo átomo de S formando complexos de tiocianato-κS. O complexo apresentado na Figura 3.2a é bastante conhecido pelos químicos inorgânicos, em razão de sua cor característica (vermelho sangue), formado com o ligante tiocianato-κN. Este é utilizado na detecção de íons Fe^{3+} em solução aquosa.

Figura 3.2 – Isômeros de ligação (a) $[Fe(\underline{N}CS)(OH_2)_5]^{2+}$ e (b) $[Fe(\underline{S}CN)(OH_2)_5]^{2+}$ pela presença de um ligante ambidentado SCN⁻

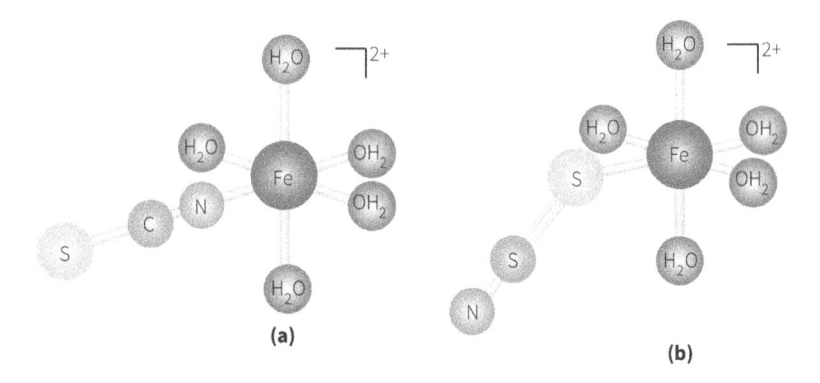

Note que a terminologia utilizando a letra grega κ (*kappa*), para indicar o átomo doador, já é adotada há alguns anos. No entanto, nos livros clássicos de química inorgânica mais antigos,

você encontrará a nomenclatura antiga: para o ligante (SCN⁻),
a denominação *tiocianato* para indicar a ligação por meio
do átomo de S e *isotiocianato* para indicar a ligação pelo átomo
de N; para o ligante (NO_2^-), o nome *nitro* para indicar a ligação pelo
átomo N e *nitrito* para a ligação pelo átomo O.

3.1.1.2 Isômeros de coordenação

Podemos afirmar que ocorre isomeria de coordenação quando complexos aniônicos e catiônicos podem permutar ligantes coordenados. No exemplo apresentado na Figura 3.3, observe que o composto $[Co(NH_3)_6][Cr(CN)_6]$ é formado pelo complexo catiônico $[Co(NH_3)_6]^{3+}$ e pelo complexo aniônico $[Cr(CN)_6]^{3-}$. Esses dois ligantes CN⁻ e NH_3 formam complexos estáveis tanto com o íon metálico Co^{3+} quanto com o íon Cr^{3+}, por isso podem permutar ligantes coordenados entre si, como evidenciado no exemplo. Além dessas espécies, existem outras possibilidades, desde a troca de apenas um ligante até a troca de todos eles, como ilustra a Figura 3.3.

Figura 3.3 – Isômeros de coordenação $[Co(NH_3)_6][Cr(CN)_6]$

(a)

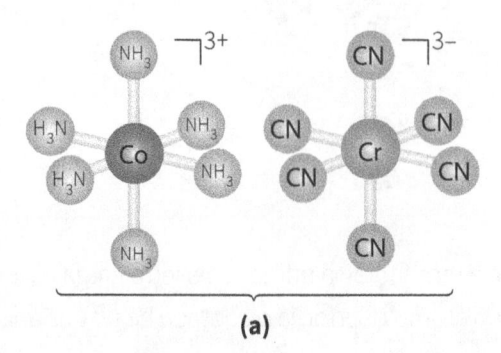

(b)

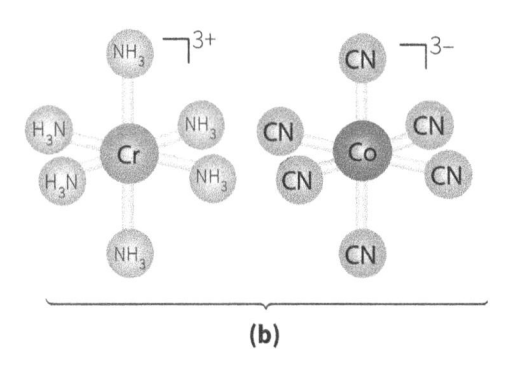

3.1.1.3 Isomeria de ionização

Podemos considerar que a isomeria de ionização ocorre quando um ligante e um contraíon trocam de posição da esfera externa para a esfera interna em um composto de coordenação. Para que isso ocorra, o contraíon deve apresentar um par de elétrons disponível para realizar a coordenação com o átomo metálico central, assim como o ligante. São exemplos o $[PtCl(NH_3)_4]Br$ e o $[PtBr(NH_3)_4]Cl$, o $[CoBr(NH_3)_5]SO_4$, de cor violeta, e o isômero $[Co(NH_3)_5SO_4]Br$, de cor vermelha. Observe na Figura 3.4 que o composto (a) apresenta o íon cloreto como ligante na esfera de coordenação interna, enquanto o contraíon brometo está na esfera de coordenação externa. No composto (b), os íons trocam de posição na esfera de coordenação.

Figura 3.4 – Isômeros de ionização [PtCl(NH$_3$)$_4$]Br e [PtBr(NH$_3$)$_4$]Cl

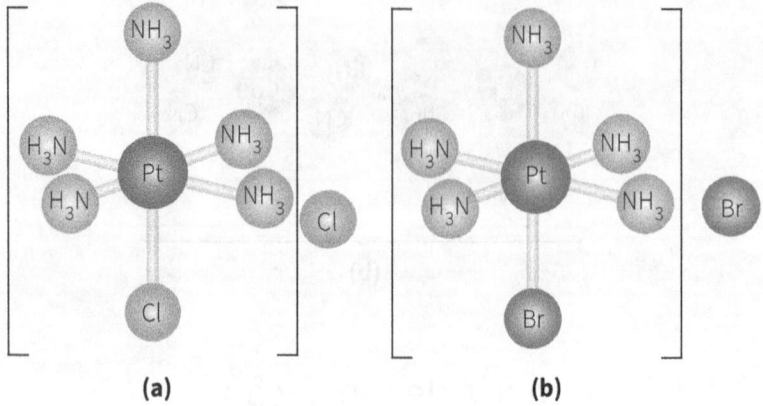

3.1.1.4 Isomeria de hidratação

De forma similar à isomeria de ionização, consideramos que a isomeria de hidratação ou solvatação ocorre quando uma molécula do solvente entra na esfera interna de coordenação, atuando como um ligante. Por exemplo, há três isômeros para a fórmula molecular CrCl$_3$ · 6H$_2$O, que apresentam cores distintas: o isômero [Cr(H$_2$O)$_6$]Cl$_3$, de cor violeta, o isômero [CrCl(H$_2$O)$_5$]Cl$_2$ · H$_2$O, de cor verde, e o isômero [CrCl$_2$(H$_2$O)$_4$]Cl · 2H$_2$O, de cor verde-escura. Note que, nos dois últimos compostos de coordenação, a molécula de H$_2$O atuou como ligante e como H$_2$O de hidratação.

Na sequência, veremos os tipos de isomeria espacial, na qual as ligações entre os átomos são iguais, diferindo apenas pelo arranjo espacial entre eles, ao contrário do que ocorre na isomeria estrutural, na qual as ligações entre os átomos da molécula podem ser diferentes.

3.1.2 Isomeria espacial

A isomeria espacial é também conhecida como *estereoisomerismo*. Podemos definir *estereoisômeros* como os complexos que apresentam a mesma composição e o mesmo tipo de ligação, diferindo apenas pelo arranjo espacial entre os átomos.

A geometria está diretamente relacionada com a distribuição e a interação dos ligantes com o átomo metálico central, que, por sua vez, depende do tamanho dos átomos metálicos e dos ligantes para promover o arranjo mais estável possível. A isomeria espacial está baseada nos diferentes arranjos que podem resultar de um conjunto de ligantes e um átomo central, os quais podem resultar em uma isomeria geométrica e óptica. A seguir, vamos analisar esses dois tipos de isomeria espacial.

3.1.2.1 Isomeria geométrica

Os isômeros geométricos diferem entre si pela disposição espacial entre os átomos da molécula. Nos complexos, isso se dá na disposição dos ligantes em torno do átomo metálico central. Como os isômeros usualmente apresentam propriedades físico-químicas diferentes, precisamos definir exatamente a qual estamos nos referindo e se existe mais de uma possibilidade de formação deles.

Em se tratando dos complexos, podemos observar a possibilidade de formação de isômeros a partir de números de coordenação 4. Como, nesse caso, os números de coordenação 4 e 6 são os mais comuns, concentraremos o foco neles daqui em diante.

Tanto nos complexos com geometria quadrática plana quanto nos complexos com geometria octaédrica, podemos promover arranjos de ligantes equivalentes que podem ser configurados de maneira adjacente ou opostos entre si.

Isomeria nos complexos com número de coordenação 4

Complexos com número de coordenação 4 podem ter estrutura geométrica tetraédrica ou quadrática plana. Compostos tetraédricos não apresentam isomeria geométrica. No entanto, é possível que apresentem isomeria óptica, da qual trataremos mais adiante.

Complexos quadráticos planos dissubstituídos (MX_2Y_2) podem ser separados em dois tipos de isômeros distintos e são denominados *cis* e *trans*. Na estrutura dos isômeros *cis*, os ligantes equivalentes apresentam uma configuração adjacente e se convertem pela presença de um eixo C_2 e um σ_v (simetria C_{2v}). Na estrutura dos isômeros *trans*, os ligantes equivalentes apresentam configuração oposta e se convertem por um centro de inversão, bem como por eixos e planos (simetria D_{2h}). Observe o exemplo apresentado na Figura 3.5 referente ao composto [$PtCl_2(NH_3)_2$].

Figura 3.5 – Isômeros geométricos cis-[PtCl$_2$(NH$_3$)$_2$] e trans-[PtCl$_2$(NH$_3$)$_2$]

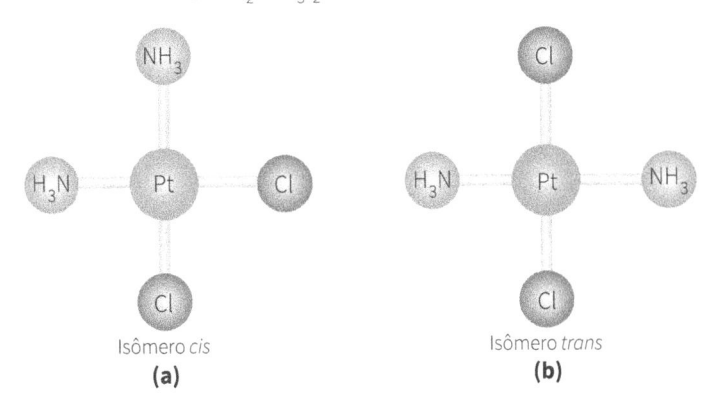

Isômero cis
(a)

Isômero trans
(b)

Os complexos com o íon metálico Pt^{2+} servem como bons exemplos para a identificação da presença de isômeros *cis* e *trans*, pois são consideravelmente estáveis e tendem a reagir lentamente, facilitando sua separação. Muitos complexos podem apresentar isômeros *cis* e *trans*, no entanto os isômeros menos instáveis tendem a se converter no isômero mais estável, dificultando a identificação de ambos. O composto *cis*-[PtCl$_2$(NH$_3$)$_2$], também conhecido na química medicinal como *cisplatina*, apresenta atividade antitumoral, diferentemente de seu isômero *trans*-[PtCl$_2$(NH$_3$)$_2$], inativo.

Podemos observar uma grande quantidade de complexos de íons metálicos Pt^{2+} com ligantes NH$_3$, P(CH$_3$)$_3$, Cl$^-$, Br$^-$, I$^-$, SCN$^-$ que formam isômeros *cis* e *trans*.

Desde o reconhecimento de isômeros do tipo *cis-trans* por Werner por meio do estudo dos compostos [PtCl$_2$(NH$_3$)$_2$] e [PdCl$_2$(NH$_3$)$_2$], evidenciando-se que esses isômeros apresentavam propriedades distintas, muitos estudos vem sendo realizados envolvendo principalmente o grupo da platina, em virtude da aplicabilidade na medicina, como agentes tumorais.

Complexos dissubstituídos que contêm ligantes bidentados, como a etilenodiamina, podem ou não apresentar isômeros. No complexo $[Pt(en)_2]^{2+}$ (Figura 3.6), observamos que há somente uma possibilidade de arranjo, em que as quatro posições na estrutura são ocupadas pelos átomos de N do ligante bidentado; logo, não há a possibilidade de formação de isômeros *cis* e *trans*.

Figura 3.6 – Complexo de $[Pt(en)_2]^{2+}$, evidenciando a possibilidade de somente um arranjo espacial

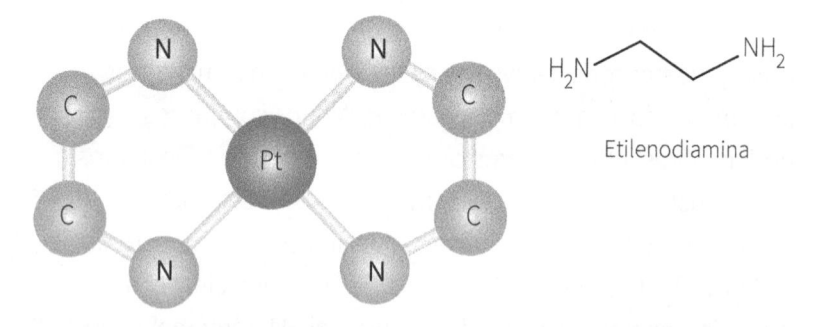

Etilenodiamina

No caso do composto $[Pt(gly)_2]$ (Figura 3.7), verificamos a existência de isômeros *cis* e *trans*, pois o ligante bidentado glicinato apresenta dois átomos coordenantes ou doadores distintos (O e N). Dessa forma, podem se arranjar espacialmente em duas formas distintas, levando à formação dos isômeros (a) *cis*-$[Pt(gly)_2]$ e (b) *trans*-$[Pt(gly)_2]$.

Figura 3.7 – Isômeros geométricos cis-[Pt(gly)$_2$] e trans-[Pt(gly)$_2$]

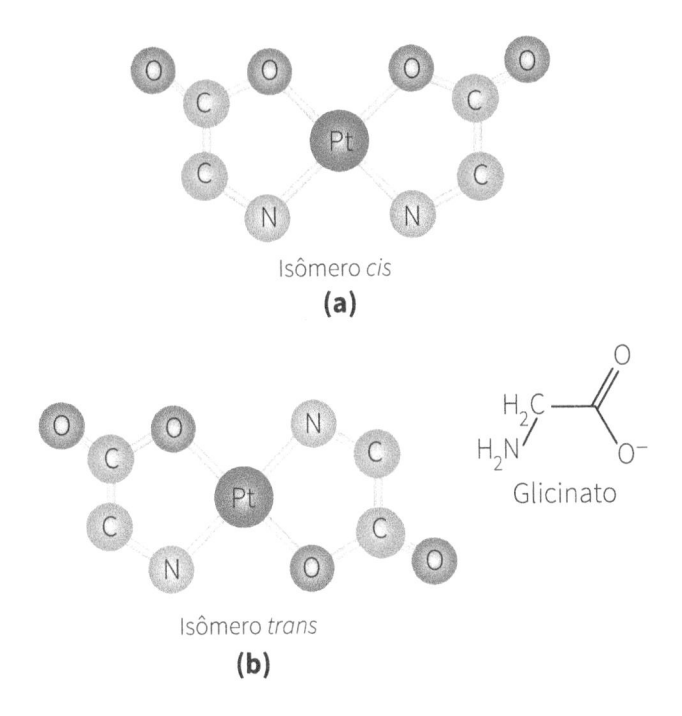

Isômero cis
(a)

Isômero trans
(b)

Glicinato

Complexos quadráticos planos do tipo MX$_2$YZ também podem apresentar isomeria cis e trans, sendo que a posição dos ligantes equivalentes (X) permite distinguir os dois isômeros. Observe o exemplo do complexo [PtCl(NH$_3$)$_2$(OH$_2$)]$^+$ ilustrado na Figura 3.8. Nesse caso, podemos afirmar que os dois isômeros são cis-[PtCl(NH$_3$)$_2$(OH$_2$)]$^+$ e trans-[PtCl(NH$_3$)$_2$(OH$_2$)]$^+$ com relação ao ligante NH$_3$. O isômero cis-[PtCl(NH$_3$)$_2$(OH$_2$)]$^+$ é um dos intermediários participantes do mecanismo de atuação da cisplatina no tratamento das células cancerígenas (Neves; Vargas, 2011).

Figura 3.8 – Isômeros geométricos cis-$[PtCl(NH_3)_2(OH_2)]^+$ e trans-$[PtCl(NH_3)_2(OH_2)]^+$

Isômero cis
(a)

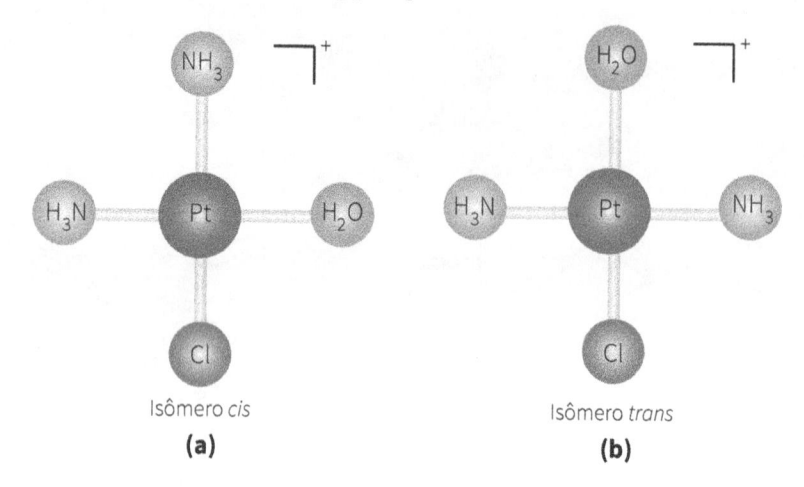

Isômero trans
(b)

Isomeria nos complexos com número de coordenação 6

Complexos com número de coordenação 6 apresentam estrutura octaédrica, porém muitos compostos pertencem a diferentes grupos de simetria. Esse fato também interfere na formação de isômeros geométricos.

Como discutimos no capítulo anterior, moléculas octaédricas com simetria O_h necessariamente apresentam seis ligantes equivalentes ao redor do átomo central, formando estruturas do tipo MX_6. Nesse caso, há somente uma maneira de arranjar os ligantes ao redor do átomo central; logo, não podemos observar a formação de isômeros. No entanto, a substituição de alguns ligantes na estrutura octaédrica pode levar à isomeria.

Para um complexo octaédrico de fórmula MX_4Y_2, os ligantes podem se arranjar de duas maneiras distintas, formando isômeros *cis* e *trans*, assim como nos compostos quadráticos planos. Vejamos os exemplos a seguir.

O complexo octaédrico $[CoCl_2(NH_3)_4]^+$ pode ser separado em dois isômeros, pois é possível arranjar os ligantes equivalentes Cl^- de duas maneiras distintas, de modo a levar à formação de dois isômeros geométricos de cores distintas (Figura 3.9). Observe que, em (a), os ligantes Cl^- estão adjacentes entre si, formando o isômero de cor violeta denominado *cis*-$[CoCl_2(NH_3)_4]^+$ de simetria C_{2v}. Em (b), os ligantes Cl^- estão opostos entre si, formando o isômero de cor verde denominado *trans*-$[CoCl_2(NH_3)_4]^+$ de simetria D_{4h}.

Figura 3.9 – Isômeros geométricos *cis*-$[CoCl_2(NH_3)_4]^+$ e *trans*-$[CoCl_2(NH_3)_4]^+$

Isômero *cis*
(a)

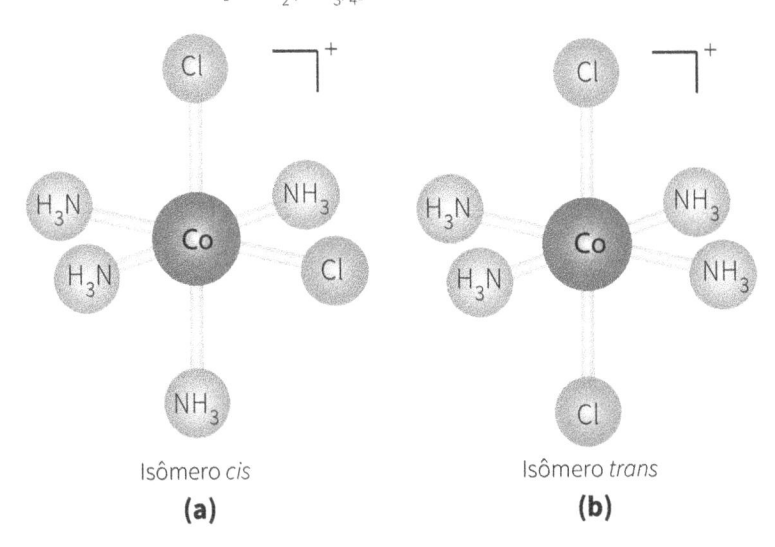

Isômero *trans*
(b)

Esses dois isômeros são considerados muito importantes historicamente para a química de coordenação. Eles foram estudados por Werner na tentativa de explicar a presença dos compostos com cores diferentes (verde e violeta), como assinalamos no Capítulo 1. Com base nesses compostos, foram estabelecidos os conceitos de isomeria, sendo utilizados até hoje. Outro composto que também fez parte das descobertas de Werner foi o complexo $[CoCl_2(en)_2]^+$. Observe, na Figura 3.10, que, quando os ligantes equivalentes estão opostos entre si, eles formam o isômero *trans*-$[CoCl_2(en)_2]^+$, com simetria C_{2h}. Já quando estão adjacentes entre si, formam o isômero *cis*-$[CoCl_2(en)_2]^+$, com simetria C_2, característica de um composto quiral, conforme apontado no Capítulo 2. Logo, o complexo *cis*-$[CoCl_2(en)_2]^+$ apresenta isomeria óptica, que será abordada mais adiante.

Figura 3.10 – Isômeros geométricos *cis*-$[CoCl_2(en)_2]^+$ e *trans*-$[CoCl_2(en)_2]^+$

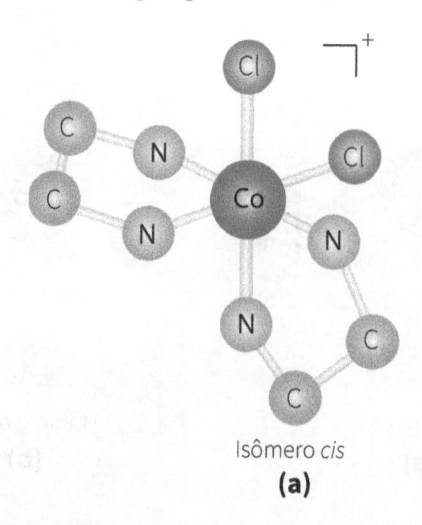

Isômero *cis*

(a)

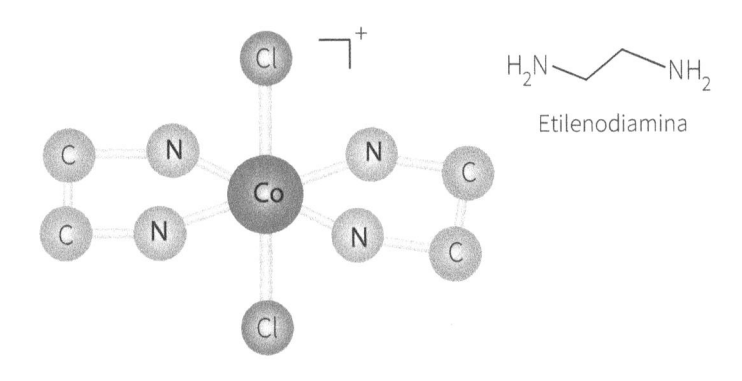

Isômero *trans*
(b)

Quando complexos octaédricos apresentam três ligantes equivalentes de fórmula MX_3Y_3, eles podem se arranjar espacialmente de duas formas, levando à formação dos isômeros denominados *mer* (meridional) e *fac* (facial). Observe, na Figura 3.11, os isômeros referentes ao composto $[RuCl_3(H_2O)_3]$. Perceba que o isômero (a) apresenta três ligantes Cl⁻ dispostos em um plano da molécula e perpendiculares aos ligantes H_2O. Esse composto nessa configuração pode ser chamado de isômero *mer*-$[RuCl_3(H_2O)_3]$. Este apresenta simetria C_{2v}. A denominação *mer* significa que os ligantes equivalentes estão dispostos em um meridiano de uma esfera. O composto (b) apresenta três ligantes Cl⁻ dispostos nos vértices de um octaedro, formando uma face triangular, sendo por isso denominado isômero *fac*-$[RuCl_3(H_2O)_3]$. Este apresenta simetria C_{3v}.

Figura 3.11 – Isômeros geométricos mer-[RuCl$_3$(H$_2$O)$_3$] e fac-[RuCl$_3$(H$_2$O)$_3$]

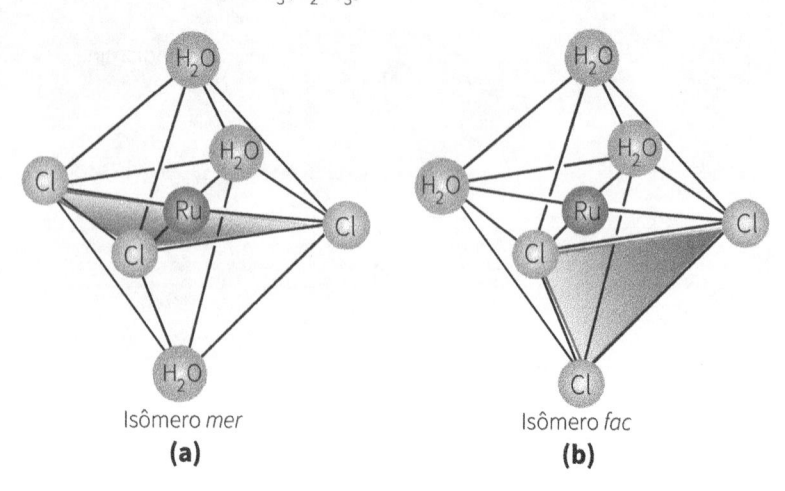

Isômero mer
(a)

Isômero fac
(b)

Isômeros *mer* e *fac* não são tão comuns se comparados aos isômeros *cis* e *trans* em compostos octaédricos. Contudo, podemos citar como exemplos: [PtBr$_3$(NH$_3$)$_3$]$^+$, [PtI$_3$(NH$_3$)$_3$]$^+$, [Co(NH$_3$)$_3$(NO$_2$)$_3$], [W(CO)$_3$(PR$_3$)$_3$], entre outros.

3.1.2.2 Isomeria óptica

Isômeros ópticos são casos especiais da isomeria geométrica. O arranjo entre os átomos leva a uma configuração em que um isômero é a imagem especular do outro. Além disso, o isômero e sua imagem especular não se sobrepõem, como podemos verificar no exemplo da Figura 3.12. Observe que a molécula SiHClBrF e sua imagem refletida no espelho não são sobreponíveis. Esse par de isômeros é denominado *enantiômero*.

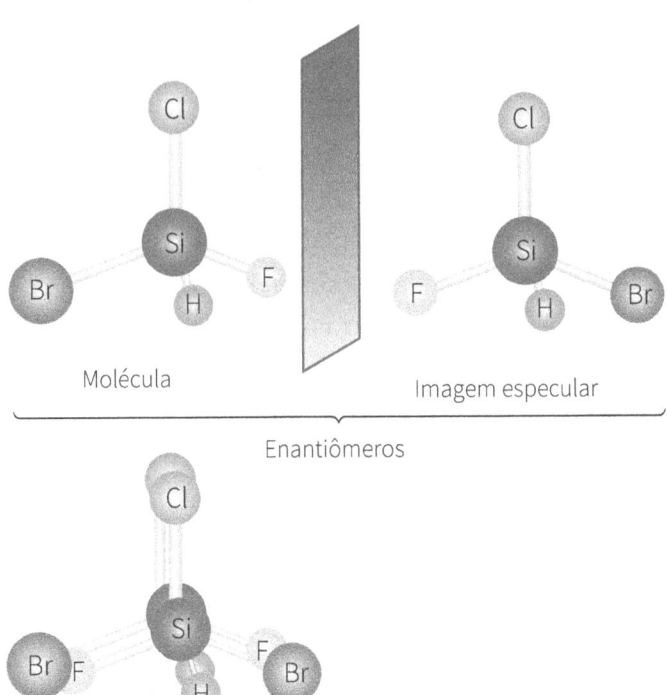

Figura 3.12 – Isômeros ópticos de SiHClBrF

Molécula — Imagem especular

Enantiômeros

Molécula/Imagem especular não sobreponível

Os enantiômeros são moléculas quirais e apresentam como característica principal a atividade óptica, que é a capacidade de girar o plano de luz polarizada, ou seja, um isômero rotaciona o plano de luz polarizada para uma direção e o outro isômero o rotaciona para a direção oposta. Esses enantiômeros são idênticos entre si, exceto pelo fato de que um dos isômeros provoca a rotação do plano de luz polarizada para a esquerda e o outro, para a direita. Essa diferenciação pode ser feita por um equipamento denominado *polarímetro*.

Observe, na Figura 3.13, um esquema que descreve o funcionamento de um polarímetro em contato com uma amostra contendo moléculas simétricas e outra contendo moléculas quirais. Uma fonte de luz, representada por uma lâmpada, emite ondas eletromagnéticas em várias direções ou planos, fenômeno conhecido como *luz não polarizada*. Essas ondas podem ser polarizadas em um plano específico, através de lentes especiais, chamadas de *polarizadores*, assim como representado na ilustração. Perceba que a luz polarizada em uma direção pode ou não ser desviada dependendo da espécie química que ela atravessar. Em (a), a luz polarizada atravessa uma amostra contendo espécies químicas simétricas que não têm a capacidade de desviar esse feixe de luz. Depois de o feixe passar por um segundo polarizador, ele pode, então, ser observado sem nenhuma interferência. Note que os dois polarizadores estão alinhados paralelamente; se o segundo estivesse perpendicular ao primeiro, não seria possível visualizar o feixe ou ele se apresentaria em uma intensidade muito baixa. Em (b), a luz polarizada atravessa uma amostra contendo espécies químicas quirais que promovem um desvio na direção do feixe. O observador pode visualizá-lo depois de rotacionar o segundo polarizador no mesmo ângulo do desvio promovido pela amostra, identificando, dessa forma, a direção e o isômero óptico.

Figura 3.13 – Esquema representativo de um polarímetro em contato com espécies químicas simétricas (a) e quirais (b)

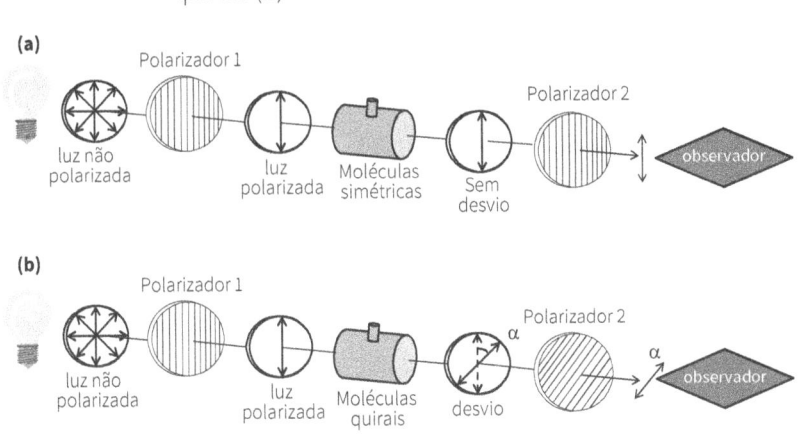

De maneira geral, enantiômeros apresentam as mesmas propriedades físico-químicas, no caso de terem somente um centro quiral. No entanto, quando apresentam vários centros quirais, algumas propriedades podem ser afetadas, como a solubilidade e o ponto de fusão. Além disso, moléculas quirais podem se comportar de maneiras diferentes em ambientes assimétricos, como no sistema biológico. As proteínas e as enzimas são exemplos de moléculas quirais presentes nesse ambiente, sendo possível observar que elas apresentam comportamentos diferentes quando outras moléculas quirais estão presentes, causando reações distintas. Um exemplo é a molécula de aspartame, em que um dos isômeros apresenta sabor adocicado e o outro, sabor amargo (Barreiro; Ferreira; Costa, 1997; Bagatin et al., 2005).

Como demonstramos no Capítulo 2, podemos prever se uma molécula apresenta atividade óptica por meio de sua simetria. A molécula de SiHClBrF (Figura 3.12) apresenta simetria C_1 e, como não tem nenhum eixo de rotação impróprio (S_n), plano de reflexão (σ) e centro de inversão (i), é considerada uma molécula quiral que apresenta atividade óptica.

Entre os complexos mais comuns, a maioria daqueles que apresentam atividade óptica é composta de geometria octaédrica com simetria D_n e C_n, em comparação com os compostos tetraédricos. Os compostos tetraédricos ligados a quatro ligantes diferentes são considerados instáveis, por isso a dificuldade em sintetizá-los. Analisemos os exemplos a seguir.

Como observamos na Figura 3.10, o complexo $[CoCl_2(en)_2]^+$ pode apresentar isômeros geométricos *cis* e *trans*. O isômero *cis*-$[CoCl_2(en)_2]^+$ apresenta simetria C_2; logo, trata-se de uma molécula quiral, que, consequentemente, apresenta atividade óptica. Além disso, é possível observar na Figura 3.14 que o isômero *cis*-$[CoCl_2(en)_2]^+$ e sua imagem especular não se sobrepõem, formando um par de enantiômeros.

Figura 3.14 – Isômeros ópticos cis-[CoCl$_2$(en)$_2$]$^+$

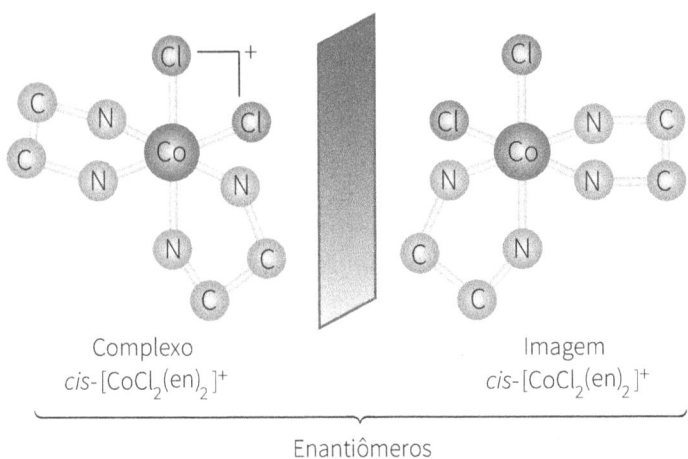

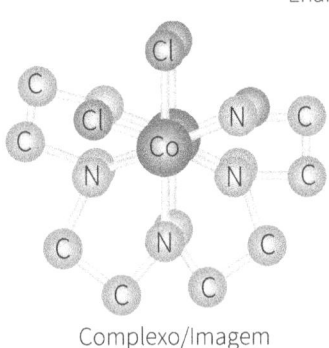

Complexo
cis-[CoCl$_2$(en)$_2$]$^+$

Imagem
cis-[CoCl$_2$(en)$_2$]$^+$

Enantiômeros

Complexo/Imagem
não sobreponível

Pense agora em um complexo similar, com geometria octaédrica e mesmo número de coordenação, em que os dois ligantes Cl- foram substituídos por um ligante etilenodiamina. Como seria a simetria dessa molécula? Ela seria quiral?

No capítulo anterior, analisamos esse complexo e atribuímos a ele o grupo de ponto D_3. Assim, podemos afirmar que se trata de uma molécula quiral, pois pertence a um grupo puramente rotacional, ou seja, não apresenta S_n, σ e i. Desse modo, do ponto de vista da simetria, o íon complexo [Co(en)$_3$]$^{3+}$ apresenta atividade óptica.

Ligantes bidentados ou polidentados, de maneira geral, podem levar à formação de complexos com atividade óptica. Muitos metais de transição com ligantes polidentados formam compostos estáveis. Além da etilenodiamina (en), complexos com ligantes como o oxalato (ox), o acetilacetonato (acac), o glicinato (gly), o etilenodiamina tetra-acetato (EDTA), entre outros, também levam à formação de compostos estáveis.

Na Figura 3.15, observamos a estrutura do complexo [Fe(ox)$_3$]$^{3-}$. Note que o complexo [Fe(ox)$_3$]$^{3-}$ e sua imagem especular não são sobreponíveis; logo, podemos afirmar que ele apresenta atividade óptica. Assim como o complexo [Co(en)$_3$]$^{3+}$, o complexo [Fe(ox)$_3$]$^{3-}$ também apresenta simetria D_3, o que igualmente o define como um complexo quiral.

Figura 3.15 – Representação dos isômeros ópticos de [Fe(ox)$_3$]$^{3-}$

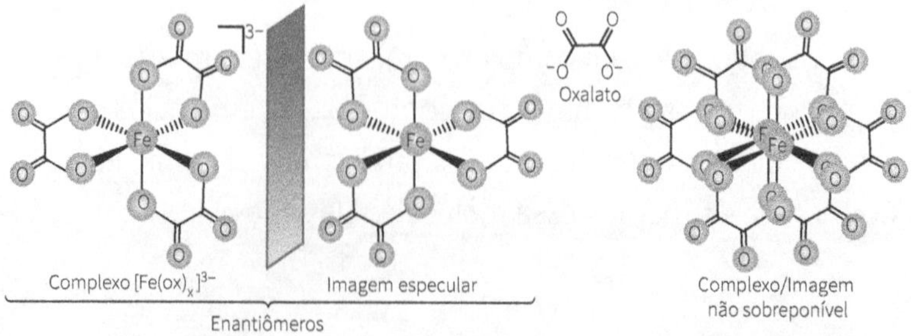

Íons complexos como o $[Fe(ox)_3]^{3-}$ e o $[Co(en)_3]^{3+}$ formam pares de enantiômeros, mas como podemos descrever a configuração absoluta de cada um dos isômeros?

Uma maneira de descrever a configuração absoluta de um complexo octaédrico quiral, como os exemplos anteriores, é por meio da visualização da estrutura octaédrica do ponto de vista do eixo C_3. Nessa posição, podemos imaginar a estrutura como se fossem dois triângulos, um superior e outro inferior, e o arranjo dos ligantes quelatos formando uma estrutura como uma hélice. Observe, na Figura 3.16, as representações de um complexo octaédrico com ligantes bidentados. Perceba que as representações dos isômeros dos complexos $[Fe(ox)_3]^{3-}$ e $[Co(en)_3]^{3+}$ podem ser diferenciadas, imaginando a hélice formada pelo ligantes (en) e (ox). Pense nessa hélice girando no sentido horário (do átomo do triângulo superior para o triângulo inferior). Essa rotação pode ser designada como Δ (delta), e uma rotação no sentido anti-horário pode ser designada como Λ (lambda). No entanto, a diferenciação quanto à direção para a qual o isômero vai desviar a luz polarizada precisa ser definida experimentalmente. Alguns compostos Λ giram em uma direção; outros, na direção oposta.

Além disso, a direção pode mudar com o comprimento de onda. Em um comprimento de onda específico, o isômero que desvia o plano de luz polarizada no sentido horário é denominado isômero-*d* (dextrógiro) ou isômero(+). Já o isômero que desvia no sentido anti-horário é denominado isômero-*l* (levógiro) ou isômero(−). Assim, você pode denominar os isômeros dos compostos $[Fe(ox)_3]^{3-}$ e $[Co(en)_3]^{3+}$ como Δ-$[Fe(ox)_3]^{3-}$, Λ-$[Fe(ox)_3]^{3-}$, Δ-$[Co(en)_3]^{3+}$ e Λ-$[Co(en)_3]^{3+}$.

Figura 3.16 – Representação das configurações absolutas dos complexos octaédricos quirais Δ-[Fe(ox)$_3$]$^{3-}$, Λ-[Fe(ox)$_3$]$^{3-}$, Δ-[Co(en)$_3$]$^{3+}$ e Λ-Co(en)$_3$]$^{3+}$

Δ-[Fe(ox)$_3$]$^{3-}$ Λ-[Fe(ox)$_3$]$^{3-}$ Δ-[Co(en)$_3$]$^{3+}$ Λ-[Co(en)$_3$]$^{3+}$

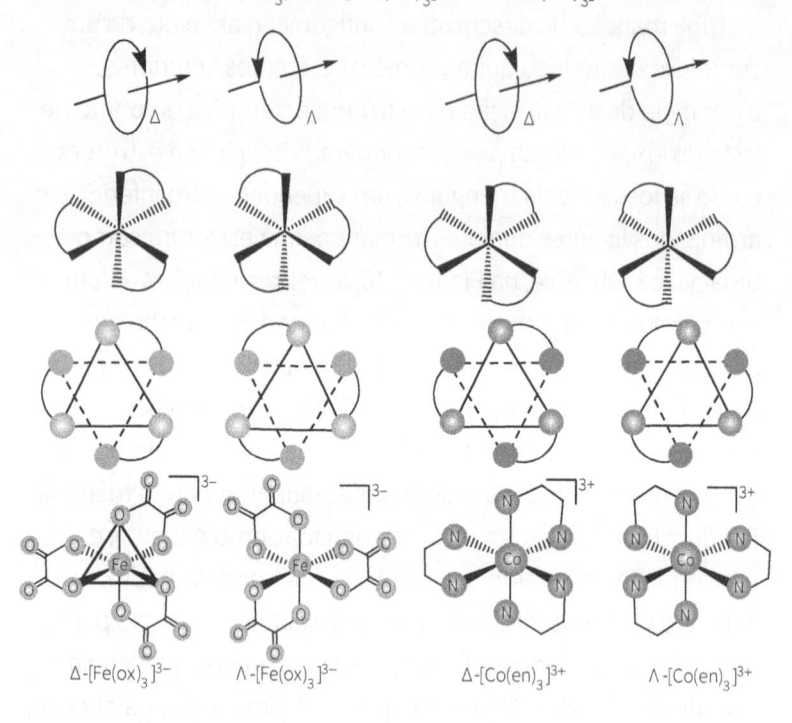

Fonte: Elaborado com base em Shriver; Atkins, 2008.

Agora, pense: Seria possível uma amostra contendo moléculas quirais não desviar a luz polarizada?

Na verdade, isso seria possível, pois, quando uma mistura de enantiômeros apresenta a mesma quantidade de isômeros *d* e *l*, pode haver um desvio da luz polarizada tanto para a esquerda, como para a direita. Entretanto, como a mistura apresenta quantidades equivalentes, esse desvio é nulo e essa mistura pode ser denominada *mistura racêmica*. Para avaliarmos a atividade óptica de cada isômero, precisamos separá-los fisicamente.

Como discutimos, isômeros ópticos apresentam as mesmas propriedades, tais como solubilidade e ponto de fusão. Essa característica dificulta sua separação. Contudo, como assinalamos, as moléculas quirais podem se comportar de maneira distinta quando contêm mais de um centro quiral ou ainda em contato com um ambiente assimétrico, pela presença de outras moléculas quirais. Deve-se considerar esse fato na separação de um par de enantiômeros em seus isômeros individuais. A utilização de espécies com dois centros quirais pode promover a separação de enantiômeros. Essas espécies podem ser denominadas *diastereoisômeros*, pois apresentam dois centros quirais e propriedades diferentes de seus enantiômeros. Esse método de separação se baseia no fato de que cada um dos isômeros ópticos presentes pode reagir de maneira diferente na presença de um terceiro, de forma que um pode ser atraído de modo mais efetivo ao terceiro composto quiral do que o outro.

A precipitação seletiva de um dos isômeros do par de enantiômeros por outro composto opticamente ativo é considerada um método eficaz para a separação de isômeros ópticos.

Para que isso ocorra, deve-se adicionar um complexo quiral puro aniônico a uma solução concentrada contendo a mistura racêmica de espécies catiônicas, como os complexos $[Co(en)_3]^{3+}$ ou $[Co(en)_2(NO_2)_2]^+$. O íon tartarato, proveniente do ácido *d*-tartático, composto natural presente em uvas, pode ser utilizado na forma de um sal, como o sal de potássio do ânion *d*-tartaratoantimoniato. O composto *l* formado de

l-[Co(en)$_2$(NO$_2$)$_2$]d-[Sb(C$_4$H$_4$O$_6$)$_2$] apresenta uma solubilidade inferior à do composto d, logo pode ser cristalizado separadamente. O isômero d-[Co(en)$_2$(NO$_2$)$_2$]$^+$ presente na solução resultante pode ser precipitado como um sal de brometo, deixando o sal de tartarato em solução.

3.2 Propriedades dos isômeros

Como mencionamos anteriormente, isômeros podem apresentar propriedades diferentes em relação à cor, ao ponto de fusão, à solubilidade, à velocidade de reação em uma reação específica, às características espectrais, entre outros aspectos.

Um exemplo de um par de isômeros geométricos *cis/trans* que apresentam propriedades distintas é o par de isômeros do complexo [PtCl$_2$(NH$_3$)$_2$]. Muitos estudos vêm sendo realizados envolvendo principalmente o grupo da platina, em razão da aplicabilidade na medicina, como agentes antitumorais (ou antineoplásicos). Muitos autores demonstram que, diferentemente do *trans*-[PtCl$_2$(NH$_3$)$_2$], que é inativo, o isômero *cis*-[PtCl$_2$(NH$_3$)$_2$] apresenta atividade, pois sua configuração favorece a interação com o DNA e, consequentemente, com a destruição das células tumorais (Neves; Vargas, 2011; Wang; Lippard, 2005).

Outros isômeros diferem entre si pela diferença de cor. Sabemos que os complexos de metais de transição apresentam como uma de suas principais características a presença de cores vibrantes. Esse fato está diretamente relacionado com as transições eletrônicas envolvendo os elétrons presentes nos orbitais *d* desses metais que promovem transições eletrônicas na região visível do espectro eletromagnético. Dessa forma, uma técnica bastante relevante para a caracterização dessas transições e para as correlações com suas propriedades pode ser a espectroscopia eletrônica de absorção na região do UV-Visível. O resultado dessa técnica se dá por bandas largas na região de 300 nm a 800 nm e está relacionado com a absorção de energia para promover a transição de um elétron de um nível de energia para outro mais elevado. Esse tópico será examinado mais profundamente no Capítulo 4, que trará uma discussão sobre as razões de os compostos de coordenação serem coloridos.

De maneira geral, cada íon metálico apresenta uma energia de transição específica que permite sua caracterização por meio dessa técnica. No gráfico 3.1, estão representados alguns espectros eletrônicos de absorção na região do UV-Visível dos complexos do tipo $[M(H_2O)_6]^{2+}$ com metais divalentes da primeira série de transição, como os íons Co^{2+}, Ni^{2+} e Cu^{2+}, que apresentam configurações no nível *d* de d^7, d^8 e d^9, respectivamente. Podemos observar que o complexo $[Co(H_2O)_6]^{2+}$ contém uma banda larga centrada em aproximadamente 500 nm. O complexo $[Ni(H_2O)_6]^{2+}$ com um elétron a mais apresenta um conjunto de bandas centradas por volta de 400 nm e 700 nm, e o complexo $[Cu(H_2O)_6]^{2+}$ com um elétron a mais apresenta uma banda larga numa região ao fim da região do visível por volta de 800 nm. Com relação às bandas mais largas, podemos observar que elas são deslocadas dependendo da natureza do metal.

Gráfico 3.1 – Espectros eletrônicos na região do UV-Visível dos compostos divalentes $[Cu(H_2O)_6]^{2+}$, $[Ni(H_2O)_6]^{2+}$ e $[Co(H_2O)_6]^{2+}$

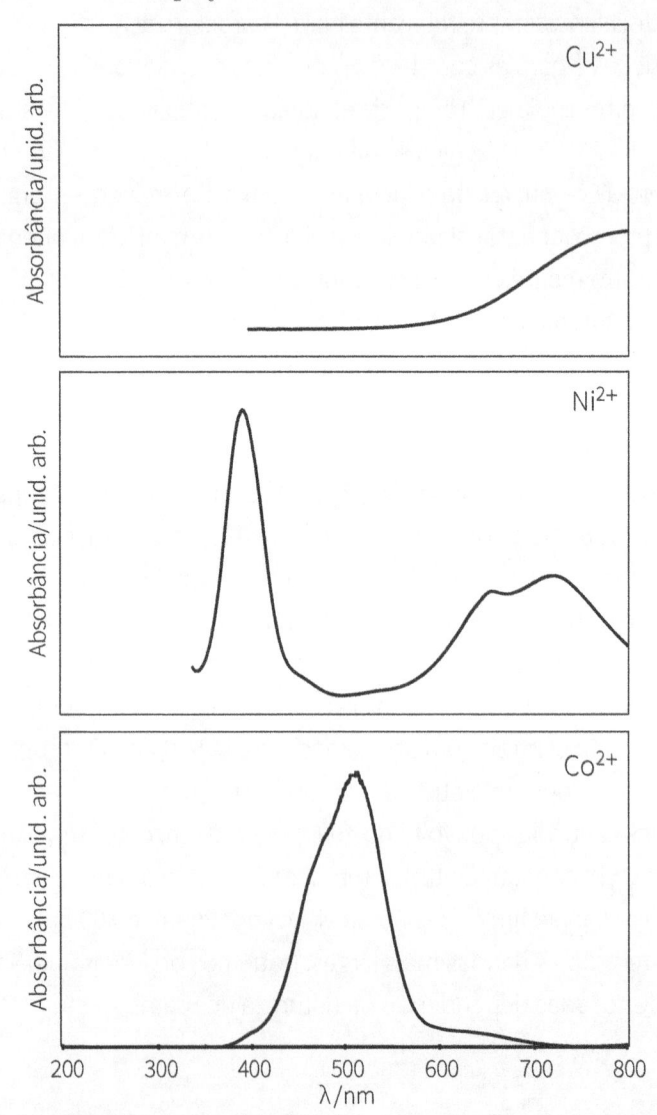

Outro fator que desloca as bandas de absorção é a natureza do ligante, como representado no Gráfico 3.2. Podemos verificar que, de forma geral, as bandas são deslocadas para valores menores de comprimento de onda (λ) dependendo do tipo dos ligantes. Com relação aos espectros referentes aos complexos de Cu^{2+}, notamos que a substituição do ligante H_2O por NH_3 promoveu um deslocamento das bandas para λ menores. O mesmo comportamento pode ser observado para os complexos de Ni^{2+}. Com relação aos complexos de Co^{3+}, vemos que a substituição do ligante Cl^- por ligantes H_2O também levou a um comportamento equivalente. Nos próximos capítulos, discutiremos com detalhes os conceitos relacionados a esse comportamento dos metais e dos ligantes.

Gráfico 3.2 – Espectros eletrônicos na região do UV-Visível dos complexos de Cu^{2+}, Ni^{2+} e Co^{3+} com diferentes ligantes

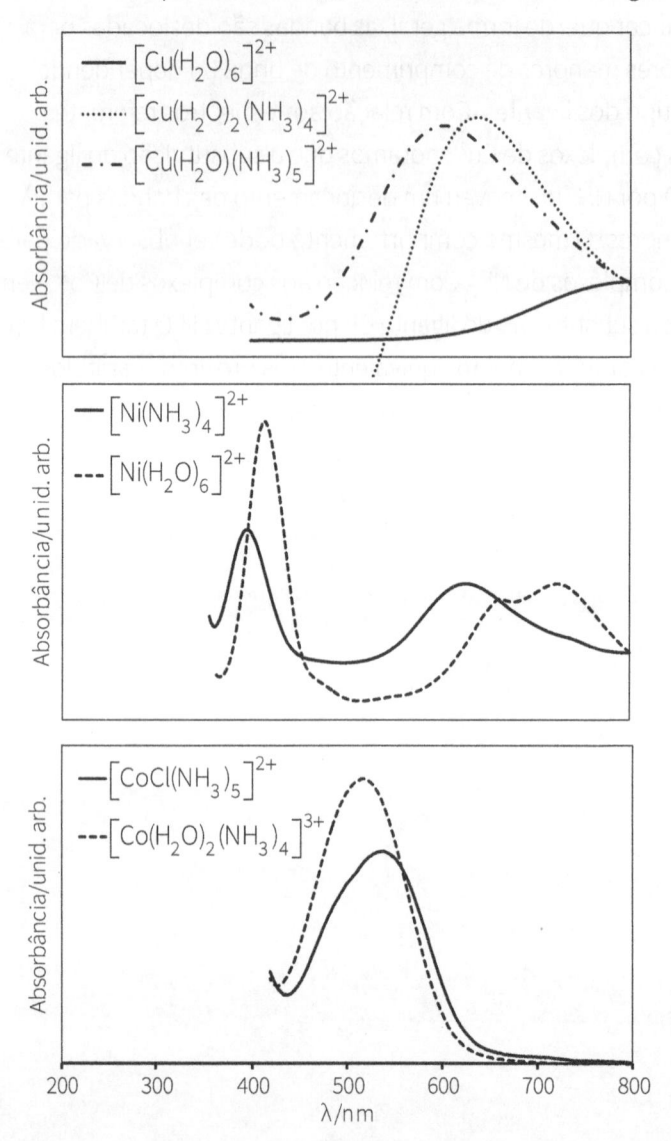

— $[Cu(H_2O)_6]^{2+}$
⋯⋯ $[Cu(H_2O)_2(NH_3)_4]^{2+}$
—·— $[Cu(H_2O)(NH_3)_5]^{2+}$

— $[Ni(NH_3)_4]^{2+}$
--- $[Ni(H_2O)_6]^{2+}$

— $[CoCl(NH_3)_5]^{2+}$
--- $[Co(H_2O)_2(NH_3)_4]^{3+}$

λ/nm

Esses exemplos demonstram o potencial que os espectros de absorção da região UV-Visível têm para promover a caracterização das propriedades dos isômeros em geral (Trapp; Johnson, 1967; Teixidor; Casabó; Solans, 1987).

Por exemplo, os isômeros de ligação $[Co(NH_3)_5(NO_2)]^{2+}$ e $[Co(NH_3)_5(ONO)]^{2+}$ apresentam bandas de absorção centrada em 485 nm para o isômero amarelo $[Co(NH_3)_5(ONO)]^{2+}$ e banda centrada em 460 nm para o isômero vermelho $[Co(NH_3)_5NO_2]^{2+}$ (Williams; Olsmted; Breksa, 1989). Nos Capítulos 5 e 6, analisaremos os efeitos dos ligantes na força de transição eletrônica dos compostos de coordenação.

Síntese química

Moléculas ou íons são chamados de **isômeros** quando têm a mesma constituição (fórmula molecular), porém arranjos estruturais diferentes, podendo apresentar propriedades distintas.

Quando os isômeros diferem entre si pela natureza do ligante ou pela maneira como estão ligados ao átomo metálico central, denominam-se **isômeros estruturais** ou **constitucionais**, que podem ser divididos em **isômeros de ligação, de coordenação, de ionização** e **de hidratação**.

Quando os isômeros diferem apenas pelo arranjo espacial entre os ligantes e o átomo metálico central, denominam-se **isômeros espaciais**, que podem ser divididos em **geométricos** e **ópticos**.

Isômeros geométricos podem ser do tipo *cis* e *trans* para **compostos quadráticos planos**. Para **compostos octaédricos**, é possível encontrar isômeros *cis*, *trans*, *mer* e *fac*.

Isômeros ópticos são moléculas ou íons quirais que apresentam atividade óptica, ou seja, são capazes de desviar o plano de luz polarizada. Nesse caso, um isômero pode rotacionar o plano de luz polarizada para uma direção e o outro isômero, para a direção oposta.

A utilização dos conceitos de simetria e isomeria pode fornecer muitas informações sobre as propriedades das moléculas ou dos íons.

Prática laboratorial

1. Em quais dos complexos ou compostos de coordenação com geometria quadrática plana a seguir é possível a existência de isômeros?
   a) $[Pd(Gly)_2]$
   b) $[Pt(NH_3)_2(ox)]$
   c) $[PdBrCl(en)]$
   d) $[Ir(CO)F(PMe_3)_2]$
   e) $[PdCl_4]^{2-}$

2. Com relação aos conceitos de isomeria espacial aplicada aos compostos de coordenação, indique qual das afirmações a seguir é verdadeira:
   a) A isomeria óptica pode ser observada em complexos com geometria quadrática plana somente quando seus quatro ligantes são idênticos.
   b) Os isômeros ópticos não são observados em complexos tetraédricos.

c) Um par de isômeros ópticos desvia o plano de luz polarizada em um mesmo sentido.
d) Os complexos octaédricos podem apresentar isomerismo óptico apenas quando eles têm ligantes bidentados.
e) Os complexos do tipo MX_3Y_3 são capazes de formar três isômeros geométricos octaédricos.
f) A isomeria de ligação em compostos de coordenação pode ocorrer quando um ligante tem mais de um átomo em condições de doar um par de elétrons para o metal central.

3. Analise as afirmações a seguir sobre os conceitos de isomeria:
   I. Os compostos $[Cr(NH_3)_5NO_2]Br_2$ e $[Cr(NH_3)_5(ONO)]Br_2$ apresentam isomeria de ligação.
   II. Os compostos $[Co(NH_3)_6][Cr(NO_2)_6]$ e $[Cr(NH_3)_6][Co(NO_2)_6]$ apresentam isomeria de ligação.
   III. Os compostos $[CrCl(NH_3)_5]Br$ e $[CrBr(NH_3)_5]Cl$ apresentam isomeria de ionização.
   IV. Isômeros geométricos são aqueles que diferem pelo arranjo espacial entre os ligantes e o átomo metálico central.
   V. Um isômero geométrico octaédrico não pode apresentar atividade óptica.

   Está correto apenas o que se afirma em:
   a) I e II.
   b) II, III e IV.
   c) I, III e IV.
   d) II e V.
   e) I e IV.

4. Complexos octaédricos de cobalto são estáveis com inúmeros ligantes, sendo que muitos podem formar isômeros. No que diz respeito à possibilidade de isomerismo em complexos octaédricos de cobalto, identifique como verdadeiras (V) ou falsas (F) as seguintes afirmações:

( ) O complexo $[Co(en)_3]^{3+}$ apresenta isomerismo óptico.
( ) O complexo trans-$[CoCl_2(en)_2]^+$ apresenta isomerismo óptico.
( ) O complexo $[CoCl_2(NH_3)_4]^+$ apresenta isomerismo geométrico.
( ) O complexo $[Co(NH_3)_5NO_2]^{2+}$ apresenta isomerismo de ligação.

Agora, assinale a alternativa que corresponde à sequência obtida:

a) V, F, V, V.
b) V, V, F, F.
c) F, V, F, F.
d) F, F, V, V.
e) V, V, V, F.

5. Com relação à isomeria geométrica, identifique como verdadeiras (V) ou falsas (F) as seguintes afirmações:
( ) O composto $[PtCl_2(NH_3)_2]$ apresenta isômeros cis e trans.
( ) O composto $[CoCl_2(NH_3)_4]Cl \cdot H_2O$ apresenta isômeros cis e trans.
( ) O composto $[RuCl_3(H_2O)_3]$ apresenta isômeros fac e mer.
( ) O composto $[RuCl_3(H_2O)_3]$ apresenta isômeros fac e mer e atividade óptica.
( ) Os isômeros geométricos cis são encontrados somente em compostos quadráticos planos.

Agora, assinale a alternativa que corresponde à sequência obtida:

a) V, F, V, V, F.
b) V, V, F, F, V.
c) F, V, F, F, V.
d) F, F, V, V, V.
e) V, V, V, F, F.

Análises químicas

Estudos de interações

1. Identifique os tipos de isomerismo que podem estar presentes nos complexos a seguir e desenhe suas estruturas.
   a) $[Co(en)_2(ox)]^+$
   b) $[Cr(OH_2)_2(ox)_2]^-$
   c) $[PtCl_2(PPh_3)_2]$
   d) $[CoCl(en)(NH_3)_2(OH_2)]^{2+}$
   e) $[W(CO)_3(PPh_3)_3]$

2. Qual tipo de isômero está presente nos compostos $[RuBr(NH_3)_5]Cl$ e $[RuCl(NH_3)_5]Br$? Justifique sua resposta.

Sob o microscópio

1. Um dos maiores avanços da química inorgânica medicinal ocorreu com a descoberta da atividade anticancerígena do complexo cis-$[PtCl_2(NH_3)_2]$, o que se constituiu em um marco no tratamento de diversos tipos de tumores. Faça uma

pesquisa (em artigos científicos, livros e *sites* confiáveis) e elabore um texto informativo sobre a utilização de complexos similares desde a descoberta da cisplatina até hoje, analisando como os conhecimentos de isomeria influenciam nesse campo de pesquisa.

Capítulo 4

Propriedades dos complexos

Ariana Rodrigues Antonangelo

Início do experimento

Todos os metais, de todos os blocos da tabela periódica (Figura 4.1), são capazes de formar complexos, porém os mais amplamente investigados, pelo fato de apresentarem certas propriedades interessantes (as quais serão descritas no decorrer deste e dos demais capítulos), são os metais do bloco *d*, conhecidos como *metais de transição*. Antes mesmo do entendimento da estrutura dos complexos, a variedade de cores desses compostos já fascinava os químicos.

Figura 4.1 – Tabela periódica simplificada, com destaque para os metais do bloco *d* (em negrito).

1-2	3	4	5	6	7	8	9	10	11	12*	13-18
bloco *s*	Sc	Ti	V	Cr	Mn	Fe	Co	Ni	Cu	Zn	bloco *p*
	Y	Zr	Nb	Mo	Tc	Ru	Rh	Pd	Ag	Cd	
	La	Hf	Ta	W	Re	Os	Ir	Pt	Au	Hg	

*Os elementos do grupo 12 (Zn, Cd e Hg) nem sempre são classificados como metais de transição.

    Os complexos metálicos de metais de transição têm papel importante na química inorgânica e desempenham função fundamental em sistemas biológicos. Exemplos incluem a hemoglobina, uma proteína que contém como centro ativo um complexo de ferro (grupo heme) responsável pelo transporte de oxigênio em nosso sangue; citocromos, que também são hemeproteínas, ou seja, contêm como centro ativo complexos de ferro responsáveis pelo transporte de elétrons em nossas células; além de outros complexos de ferro, zinco, cobre e molibdênio, os quais são componentes cruciais em certas enzimas e responsáveis por catalisar todas as reações biológicas. Além disso, complexos de metais do bloco d são amplamente utilizados como catalisadores em indústrias químicas e farmacêuticas: eles fornecem síntese econômica e controlam a especificidade das reações.

Neste capítulo, abordaremos a origem das cores dos complexos de metais de transição. Também relembraremos alguns conceitos fundamentais sobre ácidos e bases, os quais serão importantes para nossa discussão posterior sobre a formação e a estabilidade dos complexos. Por fim, apresentaremos algumas das muitas aplicações dessas fascinantes moléculas.

4.1 Cores nos complexos de metais de transição

No Capítulo 1, mostramos que os diferentes complexos octaédricos de cobalto(III) com amônia exibem colorações variadas (ver Tabela 1.1, no Capítulo 1). A maioria dos complexos de metais de transição é colorida tanto no estado sólido como em solução. O estudo de cores nesses complexos tem exercido papel importante no desenvolvimento de modelos modernos para a ligação metal-ligante, como discutiremos no Capítulo 5.

Mas por que vemos essas cores? Para explicar as cores nesses compostos, primeiramente vamos rever o conceito de absorção de luz.

Para que um composto seja colorido, ele deve absorver luz na parte visível do espectro eletromagnético. Quando uma espécie absorve luz, o que vemos é a soma das cores que não foram absorvidas, ou seja, as cores que são refletidas ou transmitidas pela espécie. Se a espécie absorver todos os comprimentos de onda da luz visível, nenhuma cor alcançará nossos olhos, sendo uma espécie preta. Se, ao contrário, a espécie não absorver luz visível, então ela será branca (se for opaca) ou incolor (se for transparente).

As cores observadas para determinados compostos podem ser explicadas por meio do conceito de cores complementares. Quando um composto absorve um fóton de luz visível, na verdade a cor que vemos é sua cor complementar. Essas cores complementares podem ser determinadas empregando-se a chamada *roda de cores*, apresentada na Figura 4.2. Nessa representação, as cores complementares estão em lados opostos. Por exemplo, se o composto absorve a cor laranja, a cor que enxergamos é a azul; assim, azul e laranja são complementares.

Figura 4.2 – Roda de cores: as cores complementares situam-se em lados opostos

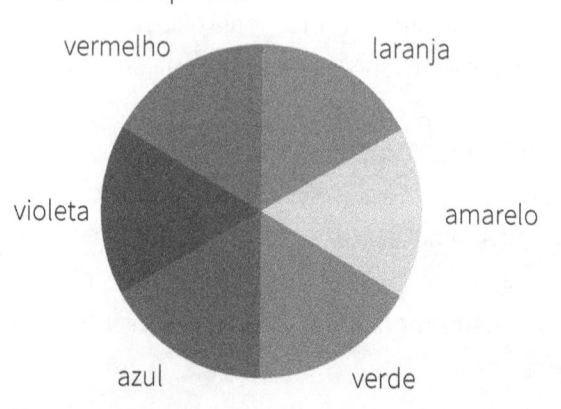

Para consulta, também apresentamos, na Tabela 4.1, os comprimentos de onda aproximados (em nm e cm^{-1}) e as cores complementares do espectro visível.

Tabela 4.1 – Luz visível do espectro eletromagnético e cores complementares

Cor da luz absorvida	Faixa de comprimento de onda aproximado/(nm)	Faixa de número de onda aproximado/(cm^{-1})	Cor da luz transmitida
Vermelho	700-620	14.300-16.100	Verde
Laranja	620-580	16.100-17.200	Azul
Amarelo	580-560	17.200-17.900	Violeta
Verde	560-490	17.900-20.400	Vermelho
Azul	490-430	20.400-23.250	Laranja
Violeta	430-380	23.250-26.300	Amarelo

Fonte: Housecroft; Sharpe, 2012, p. 643, tradução nossa.

A quantidade de luz absorvida por uma amostra em função do comprimento de onda pode ser representada por meio de seu espectro de absorção, como já discutimos brevemente no capítulo anterior. O espectro de absorção visível é determinado usando-se um aparelho chamado *espectrofotômetro*.

O espectro de absorção do íon [Co(H$_2$O)$_6$]$^{2+}$ é apresentado novamente no Gráfico 4.1. Note que o máximo de absorção ocorre em 500 nm, comprimento de onda da luz verde, mas o gráfico revela que uma parte das luzes azul e amarela também é absorvida. Uma vez que a amostra absorve todas essas cores, a cor que chega aos nossos olhos é uma mistura das cores vermelha, laranja e violeta não absorvidas, que enxergamos como rosa, classificada como uma cor terciária localizada entre o vermelho e o violeta.

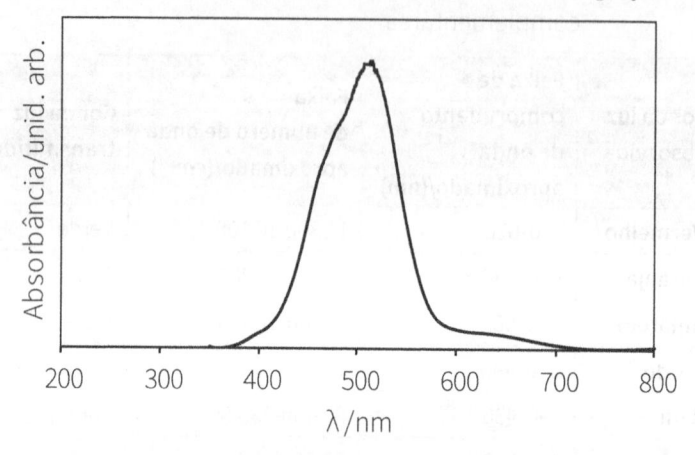

Gráfico 4.1 – Espectro de absorção do complexo $[Co(H_2O)_6]^{2+}$

[Gráfico: eixo y Absorbância/unid. arb.; eixo x λ/nm de 200 a 800, com pico em torno de 500 nm]

Com esse exemplo, percebemos que nem sempre é possível fazer uma previsão simples da cor diretamente com base no espectro de absorção. Além disso, muitos compostos de coordenação apresentam duas ou mais bandas de energia e intensidade diferentes. A cor final observada para o complexo corresponde à cor predominante depois de várias absorções serem removidas da cor branca (lembre-se de que a cor branca contém todos os comprimentos de onda da luz visível).

As cores observadas na maioria dos complexos dos metais de transição se devem principalmente às transições eletrônicas *d-d*, características dessas espécies, cuja configuração eletrônica no estado fundamental é d^n. Contudo, metais de transição com configurações d^0 e d^{10} são geralmente incolores, pois apresentam orbitais vazios ou totalmente preenchidos, respectivamente. Po exemplo, $[Cr(H_2O)_6]^{2+}$ (d^4) é azul-céu, $[Mn(H_2O)_6]^{2+}$ (d^5) é rosa pálido, $[Co(H_2O)_6]^{2+}$ (d^7) é rosa e $[CoCl_4]^{2-}$ (d^7) é azul-escuro. Por outro lado, complexos de Sc^{3+} (d^0) e Zn^{2+} (d^{10}) são incolores, a menos que o ligante contenha um cromóforo que absorva na região visível. Os cromóforos são grupos de átomos em uma molécula responsáveis pela absorção da radiação eletromagnética.

Assim, em íons de metais de transição, é possível promover elétrons de um conjunto de orbitais d parcialmente preenchido de baixa energia para outro conjunto de orbitais d vazio de alta energia, através de uma pequena absorção de luz visível, como veremos com mais detalhes no Capítulo 5. A cor dos complexos dependerá dessa diferença de energia entre esses dois conjuntos de orbitais.

4.2 A ligação metal-ligante

Como comentamos brevemente no Capítulo 1, a ligação metal-ligante em complexos pode ser compreendida como interações entre ácidos e bases de Lewis. Os íons metálicos – especialmente os de metais de transição – têm orbitais de valência vazios, de modo que podem atuar como ácidos de Lewis, receptores de pares de elétrons. Por sua vez, os ligantes apresentam pares de elétrons isolados, podendo se ligar ao metal central. Na Seção 4.3, vamos relembrar algumas definições de ácidos e bases antes de iniciarmos nossa discussão sobre a formação e a estabilidade de complexos.

4.3 Ácidos e bases: conceitos fundamentais

Os conceitos de ácidos e bases são fundamentais em química inorgânica e estão intimamente relacionados a assuntos importantes na química de coordenação. Apesar de existirem diferentes definições para ácidos e bases, não há uma que esteja correta ou errada, e sim aquela que se mostra mais apropriada para determinada situação.

A classificação das substâncias como ácidos ou bases foi realizada inicialmente pelos alquimistas por meio de observações experimentais, incluindo o sabor azedo dos ácidos e o amargo das bases, além de mudanças de coloração com o uso de indicadores e reações entre ácidos e bases para a formação de sais (conhecida como *reação de neutralização*).

Um conhecimento químico mais profundo das propriedades ácidas e básicas dos compostos surgiu com o conceito proposto por Svante Arrhenius em 1884, que definiu os ácidos como substâncias que produzem íons H^+ em água e bases como substâncias que produzem íons OH^- em água. O conceito de Arrhenius, embora útil em solução aquosa, não se aplica às muitas reações que ocorrem em outros solventes inorgânicos e orgânicos, em fase gasosa ou em estado sólido. Nesta seção, abordaremos brevemente a definição de Brønsted-Lowry, a qual expandiu o conceito de Arrhenius. Porém, nosso foco principal será a definição de Lewis, a qual explica a formação da ligação metal-ligante nos compostos de coordenação.

4.3.1 Definição de Brønsted-Lowry

Em 1923, os químicos J. N. Brønsted e T. M. Lowry classificaram como ácido toda espécie que doa prótons e como base toda espécie que recebe prótons.

Um exemplo de ácido de Brønsted é o ácido clorídrico, HCl, o qual pode doar um próton para outra molécula, como o H_2O, quando dissolvido em água, conforme indica a Equação 4.1.

Equação 4.1

$$HCl(g) + H_2O(l) \longrightarrow H_3O^+(aq) + Cl^-(aq)$$

Um exemplo de base de Brønsted é a molécula de amônia, NH_3, a qual pode aceitar um próton, como, por exemplo, do H_2O, conforme evidencia a Equação 4.2.

Equação 4.2

$$NH_3(aq) + H_2O(l) \longrightarrow NH_4^+(aq) + HO^-(aq)$$

Note que na Equação 4.1 a água atua como base de Brønsted, enquanto na Equação 4.2 atua como ácido de Brønsted. Assim, a molécula de água é uma substância denominada *anfiprótica* ou *anfótera*, uma vez que é capaz de atuar como ácido ou base de Brønsted.

A transferência de prótons entre ácidos e bases é rápida em ambos os sentidos e, portanto, o equilíbrio é dinâmico. Dessa forma, as reações do HCl e NH_3 em água (Equações 4.1 e 4.2, respectivamente) podem ser reescritas da seguinte maneira:

$$HCl(g) + H_2O(l) \rightleftharpoons H_3O^+(aq) + Cl^-(aq) \qquad (4.1)$$

$$H_2O(l) + NH_3(aq) \rightleftharpoons NH_4^+(aq) + HO^-(aq) \qquad (4.2)$$

Em todo equilíbrio ácido/base, tanto a reação direta (para a direita) quanto a inversa (para a esquerda) envolvem transferência de próton. Desse modo, um equilíbrio geral para as reações ácido/base de Brønsted pode ser escrito de acordo com a Equação 4.3.

Equação 4.3

$$\text{ácido}_1 + \text{base}_2 \rightleftharpoons \text{ácido}_2 + \text{base}_1$$

Essas espécies são denominadas de par *ácido/base conjugados*. A espécie base_1 é conjugada do ácido_1, enquanto o ácido_2 é conjugado da base_2. Na Equação 4.1, os pares ácido/base conjugados são HCl/Cl^- ($\text{ácido}_1/\text{base}_1$) e H_2O/H_3O^+ ($\text{base}_2/\text{ácido}_2$). Na Equação 4.2, os pares ácido/base conjugados são H_2O/HO^- ($\text{ácido}_1/\text{base}_1$) e NH_3/NH_4^+ ($\text{base}_2/\text{ácido}_2$). Note que os pares conjugados diferem uns dos outros pela presença ou ausência de um próton.

Como relatamos, a ênfase no conceito de Brønsted-Lowry está na transferência de prótons; assim, o conceito também é aplicável quando reações não ocorrem em solução aquosa. Por exemplo, na reação entre o HCl em fase gasosa e o NH_3, um próton é transferido do ácido HCl para a base NH_3, conforme mostramos na Equação 4.4.

Equação 4.4

$$HCl(g) + NH_3(s) \longrightarrow NH_4Cl(s)$$

A definição de Lewis, apresentada a seguir, na Seção 4.3.2, foi formulada na tentativa de estender o conceito ácido-base para sistemas na ausência de prótons.

4.3.2 Definição de Lewis

Também em 1923, G. N. Lewis propôs uma definição mais geral para ácidos e bases em termos de transferência de pares de elétrons. A denominada *teoria de Lewis* é provavelmente a definição mais amplamente utilizada em virtude de sua simplicidade e aplicabilidade.

O conceito-chave da definição de Lewis é a capacidade de recepção ou doação de pares de elétrons. Um ácido de Lewis é uma substância capaz de receber um par de elétrons, enquanto uma base de Lewis é uma substância capaz de doar um par de elétrons. A capacidade de doar ou receber elétrons é formulada corretamente pelos resultados da mecânica quântica aplicada a sistemas atômicos ou moleculares.

Qualquer ácido de Brønsted, desde que forneça prótons, também exibe acidez de Lewis. Um próton (íon H^+) é um ácido de Lewis, porque é deficiente em elétrons e, assim, pode receber um par de elétrons. Toda base de Brønsted-Lowry, um aceptor de prótons, é também uma base de Lewis, um doador de par de elétrons.

A Equação 4.5 ilustra o que acabamos de explicar. O íon H^+ é um ácido de Lewis (e também de Brønsted) e a molécula de NH_3 é uma base de Lewis (e também de Brønsted). No entanto, lembre-se de que, na definição de Lewis, o próton não é essencial; desse modo, um conjunto mais amplo de substâncias pode ser classificado como ácidos e bases. Além disso, nessa definição, o conceito ácido-base das espécies independe da presença ou ausência de solvente.

Equação 4.5

$$H^+ + NH_3 \longrightarrow NH_4^+$$
ácido   base

A reação fundamental entre um ácido **A** e uma base **B** de Lewis é a formação de um complexo (ou aduto) **A-B**, conforme apresentamos na Equação 4.6, em que **A** e **B** se ligam através do compartilhamento de elétrons. Essa ligação é denominada *dativa* ou *coordenada*.

Equação 4.6

$$A + :B \longrightarrow A:B \text{ ou } A-B$$
ácido de   base de   Complexo
Lewis   Lewis   ou aduto
(aceptor)   (doador)

A ligação entre um ácido de Lewis e uma base de Lewis também pode ser vista por uma perspectiva de orbital molecular, como ilustra a Figura 4.3. Note que o ácido de Lewis **A** fornece o orbital vazio, que é geralmente o orbital molecular desocupado de menor energia (Lumo, do inglês *lowest unoccupied molecular orbital*), enquanto a base de Lewis **B** fornece o orbital preenchido, que é geralmente o orbital molecular ocupado de maior energia (Homo, do inglês *highest occupied molecular orbital*). O novo orbital ligante formado, com energia menor, é ocupado pelos dois elétrons fornecidos pela base, enquanto o orbital antiligante, com energia maior, fica desocupado. Assim, a formação da ligação **A-B** resulta em um abaixamento da energia total do sistema.

Figura 4.3 – Representação esquemática do orbital molecular para as interações responsáveis pela formação de um complexo genérico **AB** entre um ácido de Lewis **A** e uma base de Lewis **B**

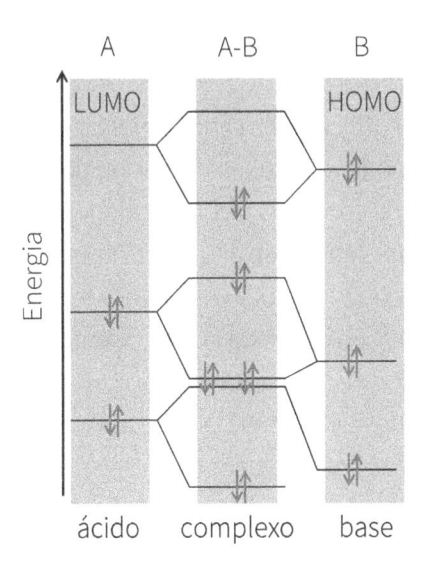

Fonte: Shriver; Atkins, 2008, p. 153.

Por exemplo, considere a Equação 4.7. Como sabemos, o átomo de boro no trifluoreto de boro, BF_3, é uma exceção à regra do octeto, pois não apresenta seu octeto completo. Assim, o átomo de boro tem um orbital vazio em sua camada de valência, podendo receber um par de elétrons da molécula NH_3 em um exemplo de reação ácido-base de Lewis. Porém, a substância BF_3 raramente é identificada como ácido, a menos que fique claro, de acordo com um contexto específico, que o termo *ácido* está sendo usado considerando-se o conceito de Lewis.

Equação 4.7

$$BF_3 + :NH_3 \longrightarrow F_3B-NH_3$$

Assim como o BF_3, muitos cátions metálicos apresentam orbitais vazios, podendo atuar como ácido de Lewis. Assim, nos compostos de coordenação, um cátion metálico pode aceitar um par de elétrons de uma base de Lewis, formando o complexo. Por exemplo, o íon Fe^{3+} interage fortemente com íons cianeto para formar o íon ferrocianeto, como apresentamos na Equação 4.8. O íon Fe^{3+} tem orbital vazio capaz de aceitar os pares de elétrons doados pelos íons cianeto. Trataremos dos orbitais com mais detalhes nos Capítulos 5 e 6.

Equação 4.8

$$Fe^{3+} + 6\,[:C \equiv N:]^- \longrightarrow \left[Fe(CN)_6\right]^{3-}$$

Em geral, nas reações ácido-base de Lewis, os ácidos são cátions ou moléculas neutras que apresentam pelo menos uma vacância em sua camada de valência, sendo capazes de receber um ou mais pares de elétrons. Já as bases são ânions ou moléculas neutras com pelo menos um par de elétrons disponível para ser doado. A definição de Lewis, por ser mais abrangente, consegue explicar a formação de muitas ligações químicas, bem como as reações de formação de complexos.

Na próxima seção, abordaremos a formação e a estabilidade dos complexos através de dados termodinâmicos. Na Seção 4.5, voltaremos aos conceitos de ácido e base de Lewis para explicar como podemos prever a estabilidade desses compostos.

4.4 Investigando a formação de complexos

Quando analisamos uma reação química, precisamos considerar tanto aspectos cinéticos quanto aspectos termodinâmicos. Estes se referem à possibilidade de as reações acontecerem, enquanto aqueles se relacionam aos mecanismos e às velocidades com que tais reações acontecem.

Neste capítulo, a formação dos complexos será apresentada sob o ponto de vista termodinâmico. O detalhamento de equações e cálculos das constantes não será nosso objetivo. Porém, para compreender melhor o conteúdo desta seção, é útil ter em mente as equações básicas que relacionam as variações de energia livre (ΔG) com as variáveis entálpicas (ΔH) e entrópicas (ΔS), bem como as relações equivalentes de constante de equilíbrio, apresentadas nas Equações 4.9 e 4.10.

Equação 4.9

$\Delta G = \Delta H - T\Delta S$

Equação 4.10

$\Delta G = -RT \ln K$

As reações de formação de complexos são geralmente estudadas em solução, principalmente com a utilização de água como solvente. Como sabemos, em solução aquosa, os íons metálicos estão hidratados. As espécies aquosas podem ser representadas como $M^{z+}_{(aq)}$, o que frequentemente representa o íon hexaaqua, $[M(OH_2)_6]^{z+}$.

As moléculas do solvente competem pelo íon metálico central, e a formação do complexo com outro ligante é uma reação de substituição, pois o ligante que se coordena ao metal desloca o outro ligante já coordenado – nesse caso, a molécula de água. Essas reações de substituição podem gerar produtos com diferentes colorações e são úteis para identificar íons metálicos. Nas Equações 4.11 e 4.12, mostramos alguns exemplos de reações de substituição.

Equação 4.11

$$\underset{\text{verde}}{\left[Ni(H_2O)_6\right]^{2+}} + 6NH_3 \rightleftharpoons \underset{\text{azul}}{\left[Ni(NH_3)_6\right]^{2+}} + 6H_2O$$

Equação 4.12

$$\underset{\text{rosa-escuro}}{\left[Co(H_2O)_6\right]^{2+}} + 4Cl^- \rightleftharpoons \underset{\text{azul-escuro}}{[CoCl_4]^{2-}} + 6H_2O$$

4.4.1 Constante de formação de complexos

A estabilidade de complexos em solução refere-se ao grau de associação entre duas espécies envolvidas em um estado de equilíbrio. O estudo quantitativo da estabilidade de complexos pode ser feito pelo uso da constante de formação K_f – às vezes, chamada *constante de estabilidade*.

As constantes de formação descrevem o comportamento termodinâmico dos complexos em solução. Existem duas formas de expressar as constantes de formação: em termos parciais (K_f) ou globais (β), como veremos a seguir.

Com o propósito de facilitar o entendimento desses conceitos, vamos considerar a adição de um ligante neutro L a uma solução contendo a espécie $[M(OH_2)_6]^{z+}$. Existem pelo menos seis etapas, e os equilíbrios representados nas Equações 4.13 a 4.18 mostram, passo a passo, o deslocamento da molécula de H_2O pelo ligante L.

Equação 4.13

$$[M(H_2O)_6]^{Z+}(aq) + L(aq) \rightleftharpoons [M(H_2O)_5L]^{Z+}(aq) + H_2O(l)$$

Equação 4.14

$$[M(H_2O)_5L]^{Z+}(aq) + L(aq) \rightleftharpoons [M(H_2O)_4L_2]^{Z+}(aq) + H_2O(l)$$

Equação 4.15

$$[M(H_2O)_4L_2]^{Z+}(aq) + L(aq) \rightleftharpoons [M(H_2O)_3L_3]^{Z+}(aq) + H_2O(l)$$

Equação 4.16

$$[M(H_2O)_3L_3]^{Z+}(aq) + L(aq) \rightleftharpoons [M(H_2O)_2L_4]^{Z+}(aq) + H_2O(l)$$

Equação 4.17

$$[M(H_2O)_2L_4]^{Z+}(aq) + L(aq) \rightleftharpoons [M(H_2O)L_5]^{Z+}(aq) + H_2O(l)$$

Equação 4.18

$$[M(H_2O)L_5]^{Z+}(aq) + L(aq) \rightleftharpoons [ML_6]^{Z+}(aq) + H_2O(l)$$

Na formação do complexo $[ML_6]^{Z+}$ a partir de $[M(OH_2)_6]^{z+}$, cada deslocamento da molécula de água coordenada pelo ligante L (Equações 4.13 a 4.18) tem uma constante de formação parcial característica (K_1, K_2, K_3, K_4, K_5 e K_6, respectivamente). A constante de formação K_1 para o equilíbrio da Equação 4.13 é apresentada na Equação 4.19. Note que a concentração do solvente – nesse caso, a água – não aparece na expressão porque é considerada constante, sendo atribuída como unidade de atividade.

Equação 4.19

$$K_1 = \frac{\left[M(H_2O)_5 L^{Z+}\right]}{\left[M(H_2O)_6^{Z+}\right][L]}$$

As constantes de formação parciais sucessivas geralmente seguem um padrão típico, em que $K_1 > K_2 \ldots > K_6$. Essa tendência geral pode ser explicada de forma estatística, simplesmente considerando-se a diminuição no número de moléculas de água disponíveis para substituição.

As constantes de formação globais, β, referem-se ao equilíbrio envolvendo a coordenação de n ligantes. Considere a formação global de $[ML_6]^{z+}$, como apresentamos na Equação 4.20. A constante de formação global β_6 para o equilíbrio da Equação 4.20 é apresentada na Equação 4.21. Devemos ter em mente que a constante de estabilidade global para os produtos das reações expressas nas Equações 4.13 a 4.18 também pode ser definida.

Equação 4.20

$$[M(H_2O)_6]^{2+}(aq) + 6L(aq) \rightleftharpoons [ML_6]^{Z+} + 6H_2O(l)$$

Equação 4.21

$$\beta_6 = \frac{[ML_6^{Z+}]}{[M(H_2O)_6^{Z+}][L]^6}$$

Note que, na expressão das constantes de equilíbrio, omitimos os colchetes que fazem parte da fórmula química dos complexos. Os colchetes apresentados nas expressões das constantes indicam a concentração molar das espécies (a unidade das concentrações é mol.dm^{-3}).

Os valores de K e β estão relacionados. Por exemplo, para o equilíbrio da Equação 4.20, β_6 pode ser expresso em termos das seis constantes de estabilidade, de acordo com a Equação 4.22.

Equação 4.22

$$\beta_6 = K_1 \cdot K_2 \cdot K_3 \cdot K_4 \cdot K_5 \cdot K_6 \text{ ou}$$
$$\log \beta_6 = \log K_1 + \log K_2 + \log K_3 + \log K_4 + \log K_5 + \log K_6$$

O valor da constante indica a força da ligação do ligante em relação à água. Se K_f é grande, o ligante que entra se liga mais fortemente que o solvente H_2O. Ao contrário, se K_f é pequeno, o ligante que entra se liga mais fracamente que a molécula de H_2O. Os valores de K_f podem variar em um amplo intervalo, por isso são frequentemente expressos por seus logaritmos, $\log K_f$. Na Tabela 4.2, fornecemos valores de constante de formação para alguns íons metálicos e ligantes monodentados.

Tabela 4.2 – Constante de formação para a reação genérica

$$\left[M(H_2O)_n\right]^{Z+} + L \rightleftharpoons \left[M(H_2O)_{n-1}(L)\right]^{Z+} + H_2O$$

Íon	ligante	K_f	log K_f	Íon	ligante	K_f	log K_f
Ni^{2+}	NH_3	525	2,72	Cr^{3+}	SCN^-	$1,2 \times 10^3$	3,08
Cu^+	NH_3	$8,50 \times 10^5$	5,93	Fe^{3+}	SCN^-	234	2,37
Cu^{2+}	NH_3	$2,0 \times 10^4$	4,31	Co^{2+}	SCN^-	11,5	1,06
Hg^{2+}	NH_3	$6,3 \times 10^8$	8,80	Fe^{2+}	piridina	5,13	0,71
Cr^{3+}	Cl^-	7,24	0,86	Zn^{2+}	piridina	8,91	0,95
Co^{2+}	Cl^-	4,90	0,69	Cu^{2+}	piridina	331	2,52
Pd^{2+}	Cl^-	$1,25 \times 10^5$	6,10	Ag^+	piridina	93	1,97

Fonte: Shriver, Atkins, 2008, p. 514.

4.4.2 Efeito quelato

Assinalamos no Capítulo 1 (Seção 1.3) que os ligantes podem ser classificados como mono ou polidentados. Lembre-se de que um ligante monodentado apresenta apenas um átomo doador, como a molécula de NH_3. Já ligantes polidentados podem apresentar dois, três, quatro ou mais átomos doadores, sendo denominados *bidentados*, *tridentados* e *tetradentados*, respectivamente. Os ligantes polidentados, quando complexados a íons metálicos, podem formar os denominados *complexos quelatos* ou simplesmente *quelatos*.

A comparação dos valores numéricos das constantes de formação de complexos quelatos em relação a seus análogos não quelatos (complexos que contêm ligantes semelhantes monodentados) mostra sempre uma vantagem significativa para os primeiros. Essa estabilidade adicional associada à formação de quelatos é denominada *efeito quelato*. Parâmetros termodinâmicos, como $\Delta H°$ e $\Delta S°$, e a dependência de K com a temperatura são úteis para comparar as reações de diferentes íons metálicos com um mesmo ligante ou, ao contrário, uma série de ligantes diferentes com um único centro metálico.

Para fazer comparações significativas entre as constantes de formação, é importante escolher ligantes apropriados. A molécula de NH_3 representa um modelo aproximado da metade de um ligante etilenodiamina, en, $NH_2CH_2CH_2NH_2$ (bidentado), por isso muitos textos trazem comparações entre esses dois ligantes. As Equações 4.23 e 4.24 comparam a substituição de um par de ligantes aqua em $[Cu(H_2O)_6]^{2+}$ por dois ligantes NH_3 ou um ligante etilenodiamina (en). Os dados termodinâmicos para tais reações estão apresentados na Tabela 4.3.

Equação 4.23

$$[Cu(H_2O)_6]^{2+}(aq) + 2NH_3(aq) \rightleftharpoons [Cu(NH_3)_2(OH_2)_4]^{2+} + 2H_2O(l)$$

Equação 4.24

$$[Cu(H_2O)_6]^{2+}(aq) + en(aq) \rightleftharpoons [Cu(en)(OH_2)_4]^{2+} + 2H_2O(l)$$

Tabela 4.3 – Dados termodinâmicos para as reações de substituição de ligante monodentado versus bidentado a 25 °C

Produtos	$\Delta H°$ (kJ mol^{-1})	$\Delta S°$ (J mol K^{-1})	$\Delta G°$ (kJ mol^{-1}) $\Delta H° - T\Delta S°$	K
[Cu(NH$_3$)$_2$(H$_2$O)$_4$]$^{2+}$	–46,4	–8	–43,9	4,5 x 10^7
[Cu(en)(H$_2$O)$_4$]$^{2+}$	–54,4	+23	–61,1	4,4 x 10^{10}

Fonte: Miessler; Fischer; Tarr, 2014, p. 351.

Uma vez que as ligações na amônia e na etilenodiamina são parecidas, não se esperam grandes mudanças nos valores de $\Delta H°$ para essas reações, como é possível observar nos dados da Tabela 4.3. Se as mudanças de entalpia são similares, o que causa a diferença na extensão em que as duas reações ocorrem?

Nesse caso, devemos então pensar em mudanças de entropia ($\Delta S°$) durante cada reação. Como sabemos, a entropia é mais facilmente pensada como uma medida de desordem. Qualquer mudança que aumenta a quantidade de desordem aumenta a tendência de uma reação acontecer. A contribuição da entropia pode ser visualizada nas Equações 4.25 e 4.26. Na primeira, ligantes monodentados estão envolvidos em ambos os lados da reação e não há uma mudança no número de moléculas ou íons complexos indo dos reagentes para os produtos (três moléculas). Contudo, na Equação 4.26, que envolve o ligante bidentado en, o número de espécies em solução aumenta indo dos reagentes para os produtos e, portanto, há um correspondente aumento da entropia ($\Delta S°$ é positivo). Desse modo, a reação da Equação 4.26 tem uma entropia de reação mais positiva e, consequentemente, é o processo mais favorável.

Equação 4.25

$$\underbrace{[Cu(H_2O)_6]^{2+}(aq) + 2NH_3(aq)}_{\text{3 moléculas}} \rightleftharpoons \underbrace{[Cu(en)(OH_2)_4]^{2+} + 2H_2O(l)}_{\text{3 moléculas}}$$

Equação 4.26

$$\underbrace{[Cu(H_2O)_6]^{2+}(aq) + en(aq)}_{\text{2 moléculas}} \rightleftharpoons \underbrace{[Cu(en)(OH_2)_4]^{2+}(aq) + 2H_2O(l)}_{\text{3 moléculas}}$$

Outra forma de observar o efeito da entropia está ilustrada na Figura 4.4. Na formação do anel quelato, a probabilidade de o íon metálico ligar-se ao segundo átomo doador é alta, uma vez que o ligante já está ancorado ao centro do metal.

Figura 4.4 – Ilustração representativa da formação do anel quelato entre o ligante bidentado etilenodiamina (NH_2-CH_2-CH_2-NH_2) e um íon metálico representado por M^{z+}

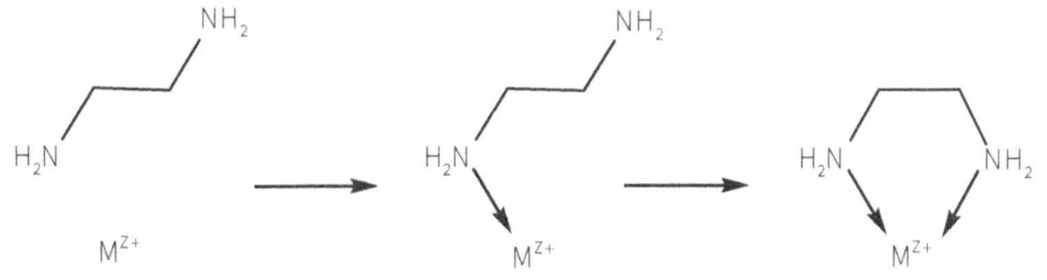

O efeito quelato tem o maior impacto sobre as constantes de formação quando o tamanho do anel formado pelos átomos dos ligantes e o metal é de cinco ou seis átomos. Os anéis menores são tensos; já para os maiores, o segundo átomo do complexo está mais longe e a formação da segunda ligação pode exigir contorção do ligante.

A vantagem entrópica da quelação estende-se para além dos ligantes bidentados e aplica-se, em princípio, a qualquer ligante polidentado. Existe um aumento progressivo na estabilidade dos complexos em função do número de anéis quelatos, atingindo-se um máximo quando o ligante se torna macrocíclico. Nesse caso, o efeito é denominado *macrocíclico* pois incorpora uma estabilidade adicional decorrente do confinamento do íon metálico no interior da estrutura do ligante, dificultando sua saída. Em sistemas biológicos, os ligantes macrociclos são representados principalmente pelos anéis tetrapirrolicos de porfirinas, cuja estrutura foi representada no Capítulo 1 (ver Figura 1.13).

O efeito quelato é importante na bioquímica e na biologia molecular. A estabilização termodinâmica adicional fornecida pelos efeitos entrópicos ajuda a estabilizar complexos quelatos biológicos, como as porfirinas, permitindo que ocorram alterações no estado de oxidação do íon metálico, enquanto a integridade estrutural do complexo é mantida.

Os valores das constantes de estabilidade são determinados experimentalmente, no entanto as cargas e os tamanhos dos átomos centrais e dos ligantes podem ser usados para prever a estabilidade de complexos, como discutiremos na Seção 4.5.

4.5 Fatores que afetam a estabilidade de complexos que contêm apenas ligantes monodentados

Não existe uma generalização única que relacione os valores das constantes de estabilidade dos complexos de diferentes íons metálicos com um mesmo ligante, porém existem algumas correlações importantes que podem ser feitas. Vamos explorá-las nesta seção.

4.5.1 Tamanho e carga do íon metálico

Uma das primeiras correlações feitas a propósito da estabilidade de complexos foi denominada *série de Irving-Williams*. Para um determinado ligante, a estabilidade dos complexos de íons metálicos M^{2+} segue esta ordem:
$Ba^{2+} < Sr^{2+} < Ca^{2+} < Mg^{2+} < Mn^{2+} < Fe^{2+} < Co^{2+} < Ni^{2+} < Cu^{2+} < Zn^{2+}$. Essa ordem é relativamente insensível à escolha do ligante, devendo-se à diminuição do tamanho do íon metálico e ao efeito do campo ligante (como explicaremos no Capítulo 5). Para metais com dois ou mais estados de oxidação, o íon mais altamente carregado é o menor. Assim, o efeito carga/raio leva a uma maior estabilidade para complexos de íons metálicos com elevados estados de oxidação.

4.5.2 Ácidos e bases duros e moles

Considerando-se as propriedades aceptoras de íons metálicos em relação aos ligantes (interações ácido-base de Lewis), duas classes, (a) e (b), de íons metálicos foram identificadas por S. Ahrland, J. Chatt e N. R. Davies, de acordo com a estabilidade dos complexos formados (Quadro 4.1). Os ligantes, por sua vez, foram também classificados de acordo com a tendência de se complexarem com íons metálicos da classe (a) ou (b), como podemos observar no Quadro 4.1.

Quadro 4.1 – Classificação dos íons metálicos e dos ligantes nas classes (a) ou (b)

Íons metálicos	
Classe (a)	Classe (b)
Metais alcalinos Metais alcalino-terrosos Metais de transição mais leves com estado de oxidação elevado, como Ti^{4+}, Cr^{3+}, Fe^{3+} e Co^{3+}	Metais de transição mais pesados Metais de transição mais pesados com estado de oxidação baixo, como Cu^+, Ag^+, Hg^+, Hg^{2+}, Pd^{2+} e Pt^{2+}
Ligantes	
Tendência de se complexarem com íons metálicos da classe (a)	Tendência de se complexarem com íons metálicos da classe (b)
N >> P > As > Sb O >> S > Se > Te F > Cl > Br > I	N << P > As > Sb O << S < Se ~ Te F < Cl < Br < I

Fonte: Huheey; Keiter; Keiter, 1993, p. 347, tradução nossa.

As duas classes de íons metálicos, (a) e (b), foram identificadas empiricamente pela ordem oposta de forças com que formaram complexos com íons haletos, medidas por meio de valores de constante de formação (K_f). Lembre-se de que, quanto maior o valor de K_f, mais estável é o complexo formado. Como exemplo, considere os equilíbrios expressos nas Equações 4.27 e 4.28.

Equação 4.27

$Fe^{3+}(aq) + X^-(aq) \rightleftharpoons [FeX]^{2+}(aq)$

Equação 4.28

$Hg^{2+}(aq) + X^-(aq) \rightleftharpoons [HgX]^{2+}(aq)$

Na Tabela 4.4, apresentamos a constante de equilíbrio para os complexos $[FeX]^{2+}$ e $[HgX]^+$ com os diferentes íons haletos. Note que a estabilidade dos complexos de Fe^{3+} aumenta na ordem $F^- > Cl^- > Br^-$, enquanto a estabilidade dos complexos de Hg^{2+} aumenta na ordem oposta: $F^- < Cl^- < Br^- < I^-$.

Tabela 4.4 – Constante de estabilidade para formação de haletos de Fe^{3+} e Hg^{2+}

Íon metálico	log K_1			
	X = F	X = Cl	X = Br	X = I
Fe^{3+} (aq)	6,0	1,4	0,5	–
Hg^{2+}(aq)	1,0	6,7	8,9	12,9

Fonte: Housecroft; Sharpe, 2012, p. 234, tradução nossa.

A mesma sequência para Fe^{3+} foi observada para cátions metálicos alcalinos e alcalinos terrosos, assim como para metais de transição mais leves em elevados estados de oxidação, os quais foram coletivamente denominados de *íons metálicos da classe (a)*. Analogamente, a mesma sequência para Hg^{2+} foi observada para metais de transição mais pesados e metais de transição com baixo estado de oxidação, os quais foram denominados coletivamente de *íons metálicos da classe (b)*, conforme mostramos no Quadro 4.1.

Padrões similares foram observados para os ligantes: ligantes contendo nitrogênio e oxigênio como átomos doadores formaram complexos mais estáveis com os cátions da classe (a). Já ligantes contendo enxofre e fósforo como átomos doadores formaram complexos mais estáveis com os metais da classe (b), como também indicamos no Quadro 4.1.

Essa ordenação empírica é muito útil para avaliar e prever a estabilidade relativa dos complexos. Por exemplo, a amônia (**N**H_3), as aminas (R_3**N**), a água (**O**H_2) e o fluoreto (**F**$^-$) têm tendência muito maior a se coordenarem aos íons Be^{2+}, Cr^{3+} e Fe^{3+}. Já as fosfinas (**P**R_3) e os tioéteres (R_2**S**) preferem os íons Hg^{2+}, Pd^{2+} e Pt^{2+}.

R. G. Pearson observou que seria possível generalizar e incluir uma faixa mais ampla de interações ácido-base, introduzindo os termos *duros* e *moles* – alguns textos também trazem a palavra *macio* – para descrever os membros das classes (a) e (b). Assim, um ácido duro é um íon metálico do tipo (a), e uma base dura é um ligante tal como a amônia ou o íon fluoreto. Por sua vez, um ácido mole é um íon metálico do tipo (b) e uma base mole é um ligante tal como a fosfina ou o íon iodeto.

A classificação de Pearson de ácidos ou bases duros originou-se da consideração de uma série de átomos doadores colocados em ordem de eletronegatividade, conforme a série a seguir:

F > O > N > Cl > Br > C ~ I ~ S > Se > P > As > Sb

Os ácidos duros formam complexos mais estáveis com ligantes que contêm átomos doadores na ponta esquerda dessa série, enquanto ácidos moles formam complexos mais estáveis com ligantes que contêm átomos doadores na ponta direita da série. No Quadro 4.2, apresentamos alguns exemplos de ácidos e bases de Lewis que podem ser classificados como duros ou moles. É importante ter em mente que os termos *duro* e *mole* são relativos, sem uma linha divisória nítida entre eles. Isso pode ser ilustrado, em parte, pela necessidade de uma terceira categoria de ácidos e bases na qual são denominados *intermediários* ou *de fronteira*.

Note a relação entre a classificação dos ligantes apresentados no Quadro 4.2 e a eletronegatividade relativa dos átomos doadores na série mostrada anteriormente. Os termos *duro* e *mole* vêm da descrição da polarizabilidade de íons metálicos. Lembre-se de que a polarizabilidade é a capacidade de deformação da nuvem eletrônica do íon metálico. Os íons metálicos do tipo (a), chamados de *ácidos duros*, são espécies pequenas, pouco polarizáveis, com alta carga positiva e que preferem ligantes também pequenos, com baixa polarizabilidade e alta eletronegatividade, os quais foram denominados *bases duras*. Inversamente, os íons metálicos do tipo (b), chamados de *ácidos moles*, são espécies maiores, mais polarizáveis, com pequena carga positiva ou zero e que preferem ligantes também maiores, que apresentam alta polarizabilidade e baixa eletronegatividade, os quais foram denominados *bases macias*.

O princípio de Pearson, ou princípio de ácidos e bases duros e moles (modelo HSAB, do inglês *hard soft acid base*), permite fazer uma previsão qualitativa da estabilidade de complexos: ácidos duros preferem se ligar a bases duras, enquanto ácidos moles preferem se ligar a bases moles.

A ligação entre ácidos e bases duros pode ser descrita aproximadamente como interações iônicas ou dipolo-dipolo. Por outro lado, como mencionamos anteriormente, ácidos e bases moles são mais polarizáveis, tendo, assim, um caráter covalente mais pronunciado.

Quadro 4.2 – Alguns exemplos de ácidos e bases duros e moles

	Íon metálico (ácido de Lewis)	Ligantes (base de Lewis)
Duro, classe (a)	H^+, Li^+, Na^+, K^+, Rb^+, Cs^+, Be^{2+}, Mg^{2+}, Ca^{2+}, Sr^{2+}, Sc^{3+}, Ti^{4+}, Cr^{3+}, Mn^{2+}, Fe^{3+}, Co^{3+}, Zn^{2+}, Al^{3+}	F^-, Cl^-, H_2O, ROH, R_2O, O^{2-}, OH^-, RO^-, CO_3^{2-}, NH_3, RNH_2, N_2H_4, ClO_4^-
Intermediário	Fe^{2+}, Co^{2+}, Ni^{2+}, Cu^{2+}, Zn^{2+}	Br^-, $SC\underline{N}^-$, N_2, $C_6H_5NH_2$, C_6H_5N
Mole, classe (b)	Cu^+, Ag^+, Au^+, Cd^{2+}, Pd^{2+}, Pt^{2+}, Hg_2^{2+}, Hg^{2+}, CH_3Hg^+, íons metálicos com estado de oxidação zero (M^0)	I^-, H^-, R^-, $\underline{C}N^-$, CO, $\underline{S}CN^-$, R_3P, C_6H_6, R_2S

*O elemento sublinhado é o átomo doador.
Fonte: Huheey; Keiter; Keiter, 1993, p. 347, tradução nossa.

Com relação às informações apresentadas no Quadro 4.2, é importante ter em mente que o modelo HSAB não corresponde a uma teoria; trata-se apenas de uma regra que permite predizer qualitativamente a relativa estabilidade das interações ácido-base em complexos. Além disso, devemos estar atentos para o fato de que, mesmo que determinadas espécies pertençam a um mesmo grupo dito *duro* ou *mole*, nem todas terão o mesmo comportamento de acidez ou maciez. Por exemplo, embora todos os íons de metais alcalinos sejam duros, o íon césio (Cs^+), maior e mais polarizável, é um tanto mais mole do que o íon lítio (Li^+). Da mesma forma, ainda que o nitrogênio seja normalmente duro em razão de seu pequeno tamanho, a presença de substituintes polarizáveis pode afetar seu comportamento. A piridina (C_6H_5N), por exemplo, é suficientemente mais mole do que a amônia (NH_3), sendo considerada um ligante intermediário ou de fronteira.

O princípio de Pearson pode ser utilizado para explicar os modos de ligação do ligante tiocianato-κ*S*, SCN^-. O íon tiocianato liga-se por meio do enxofre ao complexar-se com o Hg^{2+}, formando o complexo $[Hg(SCN)_4]^{2-}$, ao passo que com o Zn^{2+} a coordenação ocorre pelo nitrogênio (ligante tiocianato-κ*N*), formando o complexo $[Zn(NCS)_4]^{2-}$. O Hg^{2+}, por ser um ácido mole, prefere o enxofre, que é uma base mais mole do que o nitrogênio. Em contrapartida, o Zn^{2+}, que é um ácido duro, prefere uma base mais dura, no caso, o nitrogênio. Outros cátions moles, como o Pd^{2+} e o Pt^{2+}, formam complexos de tiocianato-κ*S* ligados por meio do enxofre. Cátions mais duros, como o Ni^{2+} e o Cu^{2+}, ligam-se ao nitrogênio (ligante tiocianato-κN).

O princípio de Pearson também pode ser utilizado para classificar qualquer ácido ou base como duro ou mole por sua preferência por reagentes duros ou moles. As reações são mais favoráveis para as interações duro-duro e mole-mole do que para uma mistura de reagentes duros e moles. Por exemplo, dada base B pode ser classificada como dura ou mole segundo o equilíbrio expresso na Equação 4.29.

Equação 4.29

$$BH^+ + CH_3Hg^+ \rightleftharpoons CH_3HgB^+ + H^+$$

Nessa competição entre um ácido duro (H^+) e um ácido mole (CH_3Hg^+), uma base dura levará o deslocamento da reação para a esquerda, enquanto uma base mole causará o deslocamento da reação para a direita.

Por meio dos exemplos citados, podemos notar que os conceitos de ácido e base duros e moles ajudam a racionalizar as interações entre íons metálicos e ligantes, sendo, por isso, frequentemente empregados em química inorgânica. Contudo, esses conceitos sempre devem ser utilizados com a devida consideração a outros fatores que possam afetar os resultados das reações.

4.6 Algumas aplicações dos compostos de coordenação

Muitos elementos metálicos, principalmente os metais de transição, como V, Mn, Fe, Co, Ni, Cu, Zn e Mo, estão presentes em diversos sistemas biológicos, exercendo funções essenciais para a manutenção da vida nos organismos. De fato, muitas proteínas precisam se ligar a um ou mais íons metálicos para desempenhar suas funções, sendo chamadas de *metaloproteínas*. Podemos citar como exemplos de metaloproteínas a hemoglobina (uma metaloproteína de ferro) e a vitamina B12 (uma metaloproteína de cobalto). Uma característica comum dessas biomoléculas é que o íon metálico se encontra coordenado a um ligante macrociclo.

A hemoglobina (Hb), por exemplo, é uma proteína presente em nosso sangue; sua estrutura tridimensional está representada na Figura 4.5a. Essa proteína apresenta quatro subunidades conectadas entre si. O centro ativo dessas proteínas, ou seja, a espécie responsável por sua atividade, é um complexo de ferro, denominado *grupo heme* (Figura 4.5b), presente em cada uma das quatro subunidades da Hb e responsável pela cor vermelha de nosso sangue. No grupo heme, o Fe^{2+} apresenta seis pontos de coordenação (Figura 4.5c): encontra-se coordenado a quatro átomos de nitrogênio do ligante porfirina, ligado axialmente a um resíduo de histidina (ponto de conexão com a parte proteica) e uma posição axial livre. Nessa posição livre, o íon Fe^{2+} liga-se ao oxigênio (O_2), sendo responsável pelo transporte dessa molécula em nossas células.

Figura 4.5 – (a) Representação da estrutura tridimensional da hemoglobina, (b) Complexo de Fe^{2+} (grupo heme), (c) coordenação do Fe^{2+} na Hb

(a)

(b)

(c)

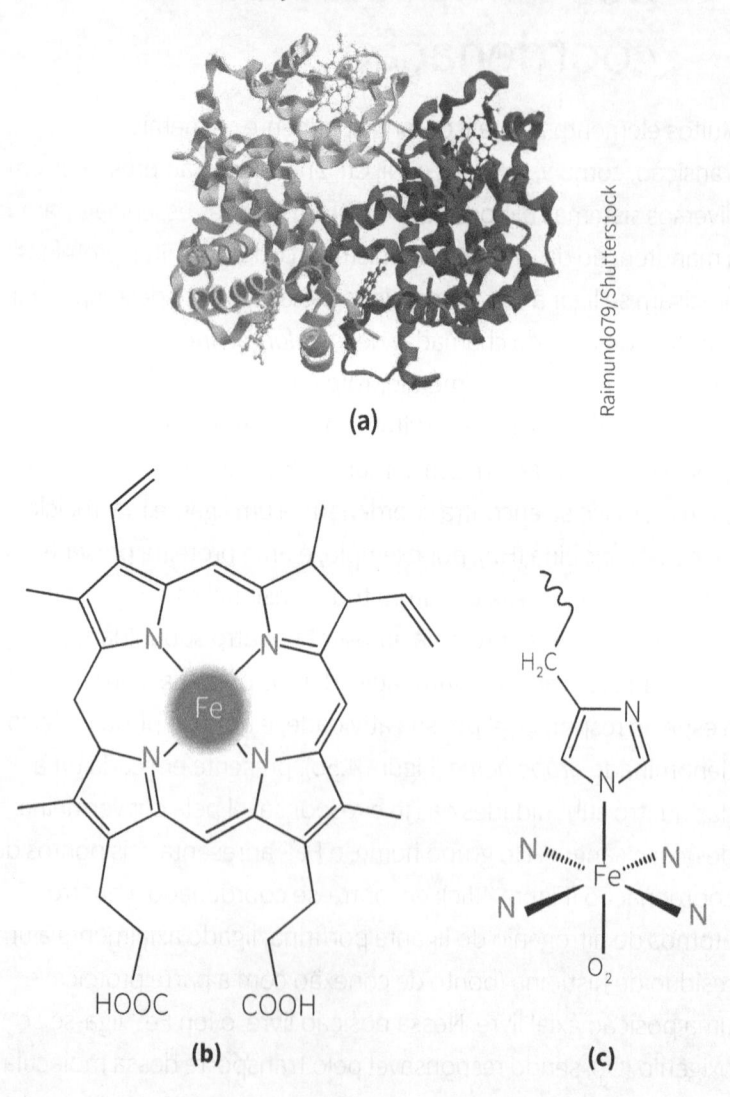

O Quadro 4.3 apresenta um resumo das características de alguns metais de transição encontrados em sistemas biológicos e de suas funções biológicas.

Quadro 4.3 – Resumo das funções exercidas por alguns metais de transição presentes em sistemas biológicos

Metal de transição	Enzima ou proteína	Função biológica
Mn	Fosfatase, superóxido dismutase mitocondrial, glicosil transferase	Síntese da dopamina e do colesterol
Fe	Hemoglobina, mioglobina, citocromos, proteínas Fe–S, ferricitina, transferrinas e sideróforos	Transporte e armazenamento de O_2, transferência de elétrons, armazenamento de Fe, transporte de proteínas de Fe
Co	Coenzima vitamina B_{12}	Transferência de grupos metila e desalogenação
Cu	Proteínas azuis de Cu, hemocianina, plastocianina	Transferência de elétrons, transporte e armazenamento de O_2, transporte de proteínas de Cu

Os compostos de coordenação presentes em sistemas biológicos atuam como catalisadores altamente eficientes e seletivos para uma grande variedade de reações químicas que ocorrem nos organismos. Esses compostos têm sido motivo de inspiração para o desenvolvimento de complexos sintéticos similares para a aplicação em muitos segmentos da indústria, tanto para a fabricação de medicamentos quanto para a síntese de catalisadores que são empregados em reações de grande importância industrial.

A grande diversidade de aplicação dos complexos, principalmente dos complexos de metais de transição, está atrelada à versatilidade nos números de coordenação e geometrias, decorrentes dos vários estados de oxidação que podem exibir.

Nas próximas seções, vamos comentar algumas aplicações de complexos metálicos sintéticos tanto na medicina como na catálise. Nosso objetivo aqui é apenas apresentar uma visão geral da aplicação desses compostos; assim, para um conhecimento mais aprofundado, sugerimos a leitura das referências citadas na Seção 4.6.

4.6.1 Medicina

Muitos esforços vêm sendo feitos, por parte dos cientistas, para descobrir compostos capazes de atuar na cura de doenças que afligem a população em geral. Muitas vezes, o acaso também desempenha um papel importante na descoberta de novos medicamentos. Podemos citar, por exemplo, o caso do composto *cis*-$[PtCl_2(NH_3)_2]$, conhecido como *cisplatina*, cuja estrutura já foi descrita no Capítulo 3. Esse complexo foi descoberto em 1964, quando pesquisadores investigavam o comportamento do crescimento de uma colônia de bactérias *Escherichia coli* na presença de um campo elétrico utilizando eletrodos de platina, supostamente inerte.

Os pesquisadores observaram a formação de filamentos de bactérias pela interrupção da divisão celular. O efeito foi relacionado a um dos compostos formados durante a eletrólise pela dissolução de Pt no eletrólito que continha NH_4Cl. A cisplatina foi identificada como a mais ativa. Alguns anos mais tarde, em 1978, após testes clínicos, a cisplatina foi aprovada para o tratamento de câncer de próstata, alcançando taxas de cura superiores a 90%. De fato, o câncer de próstata é hoje considerado curável, se descoberto em estágio inicial, em razão dessa enorme descoberta.

Desde então a cisplatina vem sendo empregada no tratamento de células tumorais em vários órgãos do corpo. Muitos autores demonstram que o isômero *cis* apresenta atividade, pois sua configuração favorece a interação com o DNA e, consequentemente, com a destruição das células tumorais. Quando o composto é inserido na corrente sanguínea do paciente, a espécie permanece neutra em virtude da alta concentração de íons Cl^- no plasma. Uma vez dentro da célula, a concentração de íons Cl^- é baixa e ocorre a formação de intermediários catiônicos atraídos eletrostaticamente aos átomos de nitrogênio presentes nas bases nucleicas (Figura 4.6). O aduto DNA-cistaplina provoca distorções na estrutura da dupla hélice do DNA, levando à morte programada da célula (Queiroz; Batista, 1998; Wang; Lippard, 2005).

Figura 4.6 – Representação esquemática do mecanismo de transporte da cisplatina a partir da corrente sanguínea do paciente para a célula de DNA cancerígena

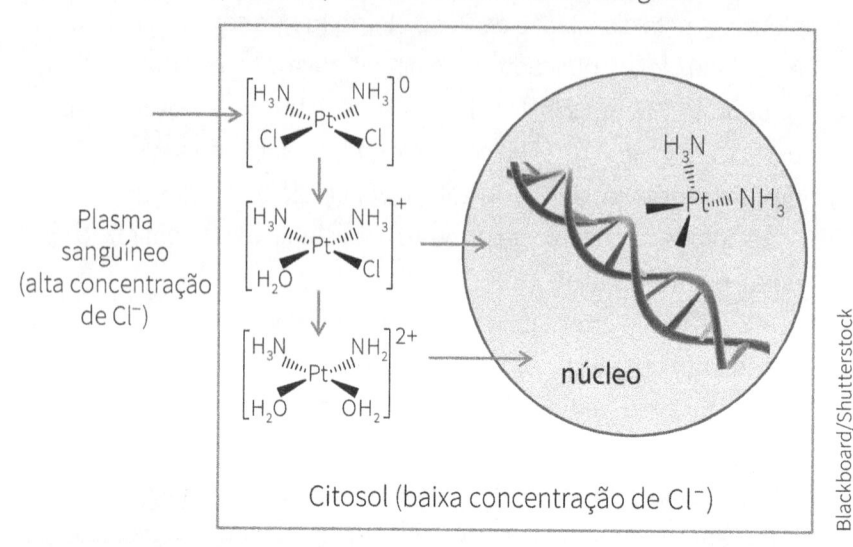

Plasma sanguíneo (alta concentração de Cl^-)

$$\begin{bmatrix} H_3N & NH_3 \\ & Pt & \\ Cl & Cl \end{bmatrix}^0$$

$$\downarrow$$

$$\begin{bmatrix} H_3N & NH_3 \\ & Pt & \\ H_2O & Cl \end{bmatrix}^+$$

$$\downarrow$$

$$\begin{bmatrix} H_3N & NH_2 \\ & Pt & \\ H_2O & OH_2 \end{bmatrix}^{2+}$$

núcleo

Citosol (baixa concentração de Cl^-)

Fonte: Weller et al., 2018, p. 887.

Outros compostos de coordenação vêm sendo investigados no tratamento de células cancerígenas, a fim de encontrar compostos seletivos para as células malignas, sem prejudicar as sadias. Alguns compostos à base de Ru e Ti têm alcançado resultados satisfatórios até o momento.

Outras condições críticas vêm sendo submetidas a tratamentos à base de compostos de coordenação. Um exemplo é o tratamento da sobrecarga de Fe denominada *hemocromatose*, que afeta uma grande parte da população. Sabemos que a presença do Fe em nosso organismo é essencial, contudo, quando em excesso, pode ser tóxico em razão da capacidade de produzir radicais danosos, além de promover o depósito desse metal em órgãos do corpo. Esse tratamento tem inspiração nos compostos naturais chamados de *sideróforos*, que envolvem o sequestro do Fe por ligantes específicos. Essa condição pode ser tratada por uma terapia de quelação, que corresponde à administração venosa do ligante desferrioxamina (desferral), o qual tem a capacidade de sequestrar o Fe, em razão do efeito quelato, transformando-o em um composto estável que pode, então, ser excretado do corpo.

Aplicações médicas associadas a complexos metálicos estão se desenvolvendo rapidamente, abrangendo muitos aspectos da introdução de íons metálicos no corpo (ou sua remoção intencional), com fins terapêuticos e diagnósticos. Além da escolha do íon metálico apropriado para uma aplicação específica, a chave do processo é encontrar um ligante adequado, seja para atingir determinada biomolécula, seja para garantir que o íon metálico permaneça isolado, fora de perigo. Nesse sentido, o rápido avanço na área de química bioinorgânica tem permitido o *design* e a síntese de fármacos para os mais variados tipos de doenças que afetam a população (Thompson; Orvig, 2006; Ronconi; Sadler, 2007).

4.6.2 Catálise

Os catalisadores são substâncias que aumentam a velocidade das reações. Assim, um catalisador apresenta-se como uma alternativa energeticamente favorável se comparado a uma rota não catalítica, permitindo, assim, que os processos sejam realizados no âmbito industrial sob condições favoráveis de temperatura e pressão, fatores que tendem a trazer benefícios tanto técnicos como ambientais e econômicos.

Cerca de 90% dos produtos da indústria química são obtidos por meio de processo catalíticos. Nesse cenário, os compostos de coordenação exercem um papel fundamental na indústria química, como catalisadores para a geração de inúmeros produtos de extrema importância para a sociedade moderna.

Mas quais são os motivos para que os compostos de coordenação sejam considerados catalisadores ideais? Podemos afirmar que isso se deve principalmente a três fatores:

1. **Número de coordenação variável**: permite ligações entre o catalisador e os reagentes (intermediários de reação), levando à transformação de substratos em produtos e liberando-os ao final do ciclo.
2. **Número de oxidação variável**: possibilita a movimentação de elétrons no decorrer do ciclo catalítico.
3. **Estereoquímica variável**: define os ângulos das reações entre os intermediários de reação que podem ser formados no decorrer do ciclo catalítico.

Do ponto de vista da química inorgânica, o catalisador desenvolve todo o processo de transformação do substrato em produtos de interesse. Nessa visão, o substrato pode ser interpretado como um ligante que responde à influência do metal de transição. Esse processo catalítico ocorre em ciclos que correspondem, ao menos, a três etapas principais, como representado na Figura 4.7. Em um primeiro momento, o catalisador permite a entrada do substrato (S) na esfera de coordenação, o que pode se dar por substituição de ligantes ou, ainda, por adição oxidativa. Em uma segunda etapa, acontece a ativação do ligante (substrato) pelo centro metálico para induzir a reação propriamente dita. Na etapa seguinte, ocorrem a formação e a eliminação do produto (P), seja por substituição de ligantes, seja por eliminação redutiva. Após a liberação do produto, o catalisador é regenerado e pode continuar atuando em novos ciclos.

Figura 4.7 – Representação genérica de um ciclo catalítico

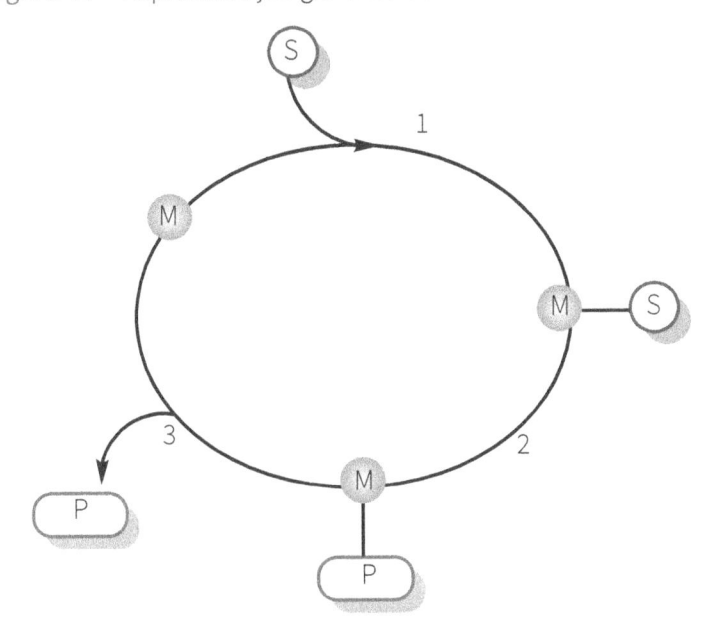

De maneira geral, praticamente todos os metais de transição podem atuar como catalisadores e vêm sendo extensivamente investigados na busca por alternativas sustentáveis aos processos já estabelecidos pela indústria. O Quadro 4.4 apresenta alguns exemplos de processos industriais que usam catalisadores à base de metais de transição. Esses processos levam à formação de produtos como os fármacos, os combustíveis, os solventes, os produtos de higiene e limpeza, os cosméticos, os produtos alimentícios, os plásticos em geral etc.

Quadro 4.4 – Principais processos industriais que utilizam metais de transição como catalisadores

Catalisador	Tipo de reação
Ti (Ziegler e Natta), Zr	Polimerização
Pd, Ag, Ru, Rh, Pd, Os, Ti, Mn	Oxidação
Co, Rh	Hidroformilação
Ru, Rh (Wilkinson), Ir, Pd, Pt, Ni, Mo, Fe	Hidrogenação
Mo, Ru	Metátese
Al/Si, W	Craqueamento
Ru, Rh, W	Isomerização
W, V, Mo, Ti	Redução seletiva (S, N)
Pt, Pd, Ni, W, Zr	Desoxigenação

Após a Segunda Guerra Mundial, houve um interesse na produção de polímeros com matéria-prima oriunda do petróleo, principalmente o polietileno, pois se trata de um material bastante resistente e durável. Nessa época, desenvolveu-se o processo Ziegler e Natta com a utilização de um catalisador à base de titânio (Ti) e alumínio (Al). Atualmente, esse processo ainda é aplicado para a produção de polietileno, contudo foram dados os primeiros passos para a substituição desse tipo de material, em virtude do nível elevado de poluição gerado como consequência de sua utilização excessiva. Uma alternativa é o uso da biomassa, considerada uma biorrefinaria para a geração de produtos de grande interesse, porém com matéria-prima renovável. A biomassa, além de ser renovável, oferece uma alternativa para a destinação adequada a resíduos oriundos da agroindústria.

Entre os casos citados no Quadro 4.4, podemos afirmar que os processos de hidrogenação estão entre os mais importantes na indústria e são um bom exemplo para descrever a ação de um metal de transição como catalisador.

Um dos sistemas catalíticos mais estudados usa o composto de trifenilfosfina de Rh^I, $[RhCl(PPh_3)_3]$, conhecido como *catalisador de Wilkinson*, nomeado em homenagem ao químico laureado com o Nobel de Química de 1973, Geoffrey Wilkinson. Esse catalisador foi o primeiro a ser utilizado na hidrogenação de alquenos em nível industrial. O ciclo catalítico (Figura 4.8) inicia-se com a adição oxidativa do H_2 ao composto quadrático plano $[RhCl(PPh_3)_3]$, o que leva à formação do composto intermediário 1. Após a dissociação do ligante PPh_3, o substrato alqueno entra na esfera de coordenação e os hidrogênios são, então, transferidos para o alqueno, ao passo que o ligante fosfina se liga novamente, levando à eliminação redutiva do alcano e à regeneração do catalisador.

A natureza do ligante exerce influência sobre como o metal vai reagir com H_2 e o substrato via reações intermediárias bem estabelecidas de adição oxidativa, inserção e eliminação redutiva. Durante tais transformações, os ligantes devem estabilizar os vários estados de oxidação e a estereoquímica. Dependendo do tamanho do alqueno ou do substituinte da fosfina, o catalisador pode se tornar inativo.

Esse catalisador foi inspiração para o desenvolvimento de compostos quirais com atividade catalítica de hidrogenação altamente seletiva. Um exemplo é o desenvolvimento de um catalisador quiral mediante a utilização de um ligante fosfina, denominado *DIPAMP*, empregado na síntese de um aminoácido quiral (L-dopa). Esse aminoácido é usado no tratamento da doença de Parkinson. Catalisadores quirais são ditos *enantiosseletivos*, pois levam à formação de um isômero quiral em particular e são muito importantes na síntese de fármacos.

Figura 4.8 – Ciclo catalítico da hidrogenação de um alqueno pelo catalisador de Wilkinson

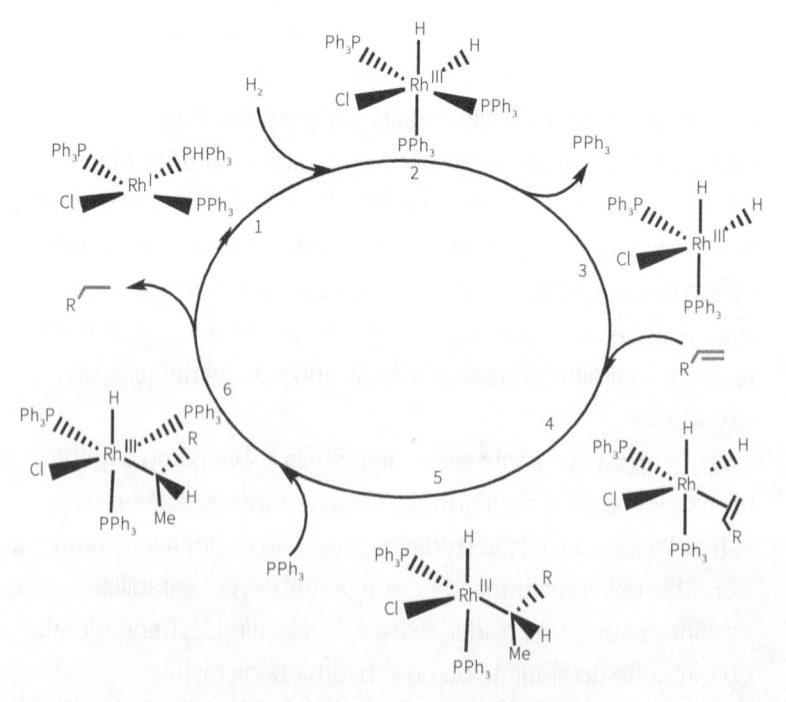

Fonte: Elaborado com base em Weller et al., 2018; Toma, 2013.

O exemplo anterior descreve o ciclo catalítico de um catalisador homogêneo, ou seja, que se encontra solúvel no meio de reação. No entanto, os catalisadores também podem ser sólidos, sendo classificados, dessa forma, como catalisadores heterogêneos. Eles apresentam muitas vantagens, pois podem ser facilmente recuperados ao final da reação, sem a necessidade de etapas de separação e purificação, que levam à geração de resíduos de difícil tratamento, e ainda podem ser reutilizados. Existem muitos processos catalíticos que fazem uso de catalisadores heterogêneos e, assim, cada vez mais notaremos a substituição dos homogêneos convencionais.

De modo geral, um catalisador homogêneo pode ser imobilizado em um suporte sólido e continuar desempenhando sua atividade catalítica. A grande diferença está na maneira como o substrato vai se ligar ao catalisador. Nos sólidos, a reação ocorre na superfície do catalisador, sendo o substrato e o produto adsorvidos e dessorvidos na superfície.

Vejamos o exemplo da reação de síntese da amônia, a qual ocorre em meio gasoso e envolve a dissociação dos gases N_2 e H_2. A dissociação do N_2 requer a utilização de catalisador, além de condições mais drásticas de temperatura e pressão, em razão de sua inércia. O processo conhecido como *Haber-Bosch* utiliza temperatura de 400 °C e pressão de 100 atm.

$$N_2(g) + 3H_2(g) \longrightarrow 2NH_3(g)$$

A reação ocorre na superfície de um catalisador de Fe metálico, como representado na Figura 4.9. As moléculas de N_2 se coordenam na superfície do catalisador, que promove um enfraquecimento da ligação tripla e sofre uma dissociação, que é considerada a etapa determinante da reação. Na sequência, as moléculas de H_2 também sofrem dissociação na superfície do catalisador e migram até os átomos de N para formar a molécula de NH_3, que é então dessorvida da superfície do catalisador.

Figura 4.9 – Representação esquemática da reação de síntese de amônia na superfície de um catalisador à base de Fe

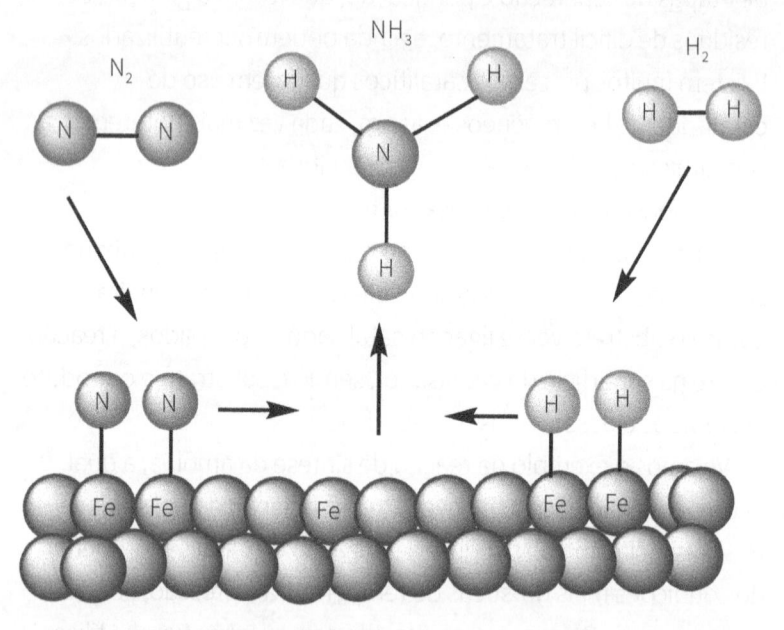

A adsorção de moléculas na superfície dos catalisadores pode ativá-las, da mesma forma que a coordenação ativa as moléculas em um complexo em solução. De maneira similar, a dessorção das moléculas dos produtos é a etapa determinante para a regeneração dos sítios ativos em um sólido, assim como na dissociação de um ligante na catálise homogênea. Os sítios ativos nos catalisadores heterogêneos podem adsorver tanto moléculas (substratos) gasosas quanto líquidas.

Os catalisadores também podem ser classificados pelo tipo de sítio ativo presente; assim, podem ser ácidos, básicos ou metálicos. Os metais de transição com propriedades ácidas são aqueles que apresentam a relação carga/raio elevada, sendo, desse modo, considerados bons ácidos de Lewis. Os principais exemplos são Mo, W, V e Nb (Santos et al., 2015; Silva et al., 2017). Por exemplo, o tungstênio, W, apresenta como estado de oxidação mais estável o hexavalente W^{6+} com configuração d^0. Assim, a presença de uma elevada carga/raio aliada à presença de orbitais d vazios permite que ele atue como um ácido de Lewis, acomodando pares de elétrons do substrato, intermediários e produtos durante o ciclo catalítico. Dessa forma, utilizam-se compostos contendo tungstênio como catalisadores em várias classes de reações nas quais a acidez desempenha um papel fundamental, como isomerização, oxidação, hidrocraqueamento, desidratação e esterificação.

O óxido de zircônio ZrO_2 é considerado anfótero, ou seja, pode apresentar tanto acidez quanto basicidade. Logo, pode atuar tanto como um ácido quanto como uma base de Lewis. A propriedade básica tem origem nos ligantes O^{2-} altamente reativos, que podem facilmente doar pares de elétrons durante o ciclo catalítico. O óxido ZrO_2 mostra-se ativo na reação de transformação da glicose em derivados furânicos. As etapas dessa transformação envolvem rotas catalisadas por uma base ou um ácido de Lewis, seguidas da rota catalisada por um ácido de Brønsted. Dessa maneira, o ZrO_2 mostra-se ativo na primeira etapa da reação, contribuindo com os sítios básicos (Osatiashtiani, 2014). A utilização de catalisadores na transformação da glicose tem sido muito estudada, pois se apresenta como uma opção de fabricação de produtos com base em biomassa residual para a produção de vários produtos, como alimentícios, solventes, polímeros biodegradáveis e combustíveis.

A área de aplicação dos metais de transição em catálise está em constante movimento, pois os interesses e as preocupações da indústria e da população como um todo mudam o tempo todo. Nesse sentido, o químico exerce um papel fundamental na busca por conhecimentos que possam contribuir para a solução de problemas em nossa sociedade. Assim, ao empregarmos o conhecimento das propriedades dos metais de transição, podemos oferecer rotas catalíticas para a geração de produtos de interesse industrial, tendo em vista a manutenção da qualidade de vida no planeta.

Síntese química

As **cores dos complexos de metais de transição** devem-se às transições de elétrons de um conjunto de orbitais *d* parcialmente preenchido de baixa energia para outro conjunto de orbitais *d* vazio de alta energia, por meio de uma pequena absorção de luz visível, denominada *transição d–d*.

Um **ácido de Lewis** é uma espécie que recebe um par de elétrons, enquanto uma **base de Lewis** é uma espécie que doa um par de elétrons. As ligações metal-ligante nos complexos são interações ácido-base de Lewis.

A **constante de formação dos complexos (K_f)** é uma medida da estabilidade desses compostos. Um alto valor de K_f significa uma alta estabilidade do complexo formado.

Para um dado íon metálico, a estabilidade termodinâmica em um complexo quelato que envolve ligantes bi ou polidentados é maior do que em um complexo que contém um número correspondente de ligantes monodentados. Esse fenômeno é denominado **efeito quelato**. O aumento da entropia favorece a formação do complexo quelato.

Ácidos duros são espécies pequenas, pouco polarizáveis, com alta carga positiva e que preferem ligantes também pequenos, com baixa polarizabilidade e alta eletronegatividade, denominados **bases duras**. Já **ácidos moles** são espécies maiores, mais polarizáveis, com pequena carga positiva ou zero e que preferem ligantes também maiores, com alta polarizabilidade e baixa eletronegatividade, denominados **bases moles**.

No **princípio de Pearson**, ou **princípio de ácidos e bases duros e moles**, os ácidos duros (cátions metálicos duros) formam complexos mais estáveis com bases duras (ligantes duros), enquanto ácidos moles (cátions metálicos moles) mostram preferência por bases moles (ligantes moles).

Prática laboratorial

1. Responda às questões a seguir.
   a) Explique por que a água é dita anfótera.
   b) Desenhe a estrutura do ácido conjugado de cada uma das seguintes estruturas:

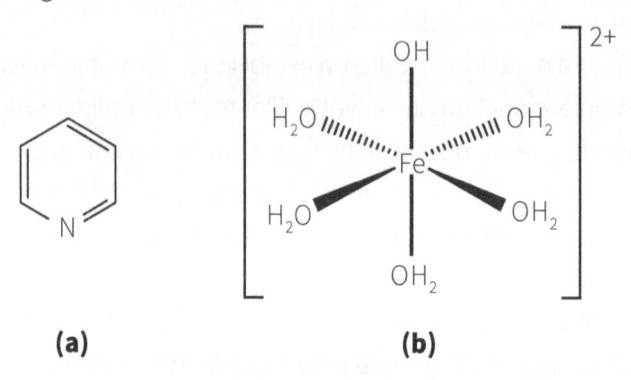

   (a) piridina

   (b) $[Fe(OH)(H_2O)_5]^{2+}$ (hexa-coordenado com um OH e cinco OH_2/H_2O)

2. Responda às questões a seguir:
   a) O íon Fe^{3+} forma um complexo com os íons CN^-, cuja fórmula é $[Fe(CN)_6]^{3-}$. Escreva a equação de formação global desse complexo a partir do complexo hexa-aquaferro(III).
   b) Use essa equação para escrever a expressão da constante de formação global (β) para o complexo hexacianoferrato(III).
   c) O valor de log β para essa equação é aproximadamente 31. O que esse valor indica sobre a reação?

3. Analise a tabela que mostra as constantes de estabilidade para cada um dos estágios de troca de moléculas de H_2O no complexo $[Cu(H_2O)_6]^{2+}$ e responda às questões propostas.

Complexo	K_n	K
$[Cu(NH_3)(H_2O)_5]^{2+}$	K_1	$1,78 \times 10^4$
$[Cu(NH_3)_2(H_2O)_4]^{2+}$	K_2	$4,07 \times 10^3$
$[Cu(NH_3)_3(H_2O)_3]^{2+}$	K_3	$9,55 \times 10^2$
$[Cu(NH_3)_4(H_2O)_2]^{2+}$	K_4	$1,74 \times 10^2$

a) Escreva a equação de formação de cada complexo a partir do anterior com uma molécula de NH_3 a menos e use tais equações para escrever a expressão da constante de formação para cada reação.

b) Escreva a expressão da constante de estabilidade global (β) para a formação do complexo $[Cu(NH_3)_4(H_2O)_2]^{2+}$ a partir do $[Cu(H_2O)_6]^{2+}$.

c) Use os valores da tabela (K_1, K_2, K_3 e K_4) para calcular a constante de estabilidade global (β).

4. Considere os seguintes valores de log β para os complexos de Ni^{2+} apresentados abaixo:

$[Ni(NH_3)_6]^{2+}$ (log β = 8,74)

$[Ni(EDTA)]^{2-}$ (log β = 18,4)

Ambos os complexos são octaédricos.

a) Escreva a equação de formação de ambos os complexos a partir do hexa-aquaniquel(II).

b) Por que a constante de estabilidade com EDTA é muito maior do que a do complexo com amônia?

5. Usando os conceitos de ácido e base duros e moles, prediga a direção (direita ou esquerda) das seguintes reações em fase gasosa.

a) $HI + NaF \rightleftharpoons HF + NaI$
b) $AlI + 3NaF \rightleftharpoons AlF_3 + 3NaI$
c) $CuI_2 + 2CuF \rightleftharpoons CuF_2 + 2CuI$
d) $CoF_2 + HgBr_2 \rightleftharpoons CoBr_2 + HgF_2$

Análises químicas

Estudos de interações

1. Comente as seguintes observações:
   a) Em seus complexos, Co^{3+} forma fortes ligações com ligantes contendo O e N como átomos doadores, ligações moderadamente fortes com ligantes contendo P como átomo doador e ligações fracas com ligantes contendo As como átomo doador.
   b) Considere a reação apresentada abaixo:

   $Zn^{2+}(aq) + X^- \rightleftharpoons [ZnX]^+(aq)$

   Os valores de log K para a reação do íon Zn^{2+} com diferentes íons haleto (X) são os seguintes:

   0,7 (X = F); –0,2 (X = Cl); –0,6 (X = Br); –1,3 (X = I)

2. Sugira as razões para as seguintes observações:
   a) Embora complexos de Pd^{2+} com ligantes monodentados contendo O como átomo doador não sejam tão abundantes quanto complexos de Pd^{2+} com ligantes contendo P, S e As, esses complexos formam muitos complexos estáveis com ligantes bidentados contendo O, O' como átomos doadores.
   b) $[EDTA]^{4-}$ forma complexos muito estáveis com íons metálicos M^{2+} da primeira série de transição (por exemplo, log K = 18,62 para complexos com Ni^{2+}). Por outro lado, quando M^{3+} é um íon acessível, complexos entre M^{3+} e $[EDTA]^{4-}$ são até mais estáveis do que aqueles entre M^{2+} e $[EDTA]^{4-}$ (por exemplo, o valor de log K para complexos de Cr^{2+} é de 13,6 e o valor de log K para complexos de Cr^{3+} é de 23,4).

Sob o microscópio

1. Como apresentamos neste capítulo, os compostos de coordenação, especialmente os metais de transição, desempenham papel importante em diversos sistemas biológicos, realizando funções essenciais para a manutenção da vida nos organismos. Além disso, esses compostos têm sido utilizados em muitos segmentos da indústria, tanto para a fabricação de medicamentos como para a síntese de catalisadores, que são empregados em reações de grande importância industrial.

   Com base nesse relato, para esta atividade, você deve escolher um dos metais de transição apresentados no seguinte documento:

☐ SILVA, J. A. L. da. A etimologia de biomoléculas com metais de transição como auxiliar na aprendizagem de química biológica. **Química Nova**, São Paulo, v. 36, n. 9, p. 1458-1463, 2013.

Depois, faça uma pesquisa bibliográfica (em artigos científicos, livros e *sites* confiáveis) e elabore uma apresentação no PowerPoint (mínimo de 12 e máximo de 15 *slides*) em que você aborde os seguintes tópicos:

a) Propriedade do metal de transição escolhido: série de transição a que pertence, principais estados de oxidação etc.
b) Descoberta do elemento metálico escolhido: aqui você pode incluir um histórico da descoberta do elemento, se houver.
c) Distribuição: como é encontrado na natureza (em combinação com qual(is) elemento(s)), abundância (ar, água, solo) e presença em alimentos.
d) Papel biológico: complexo metálico do elemento escolhido responsável por uma determinada atividade biológica (cite mais de uma, se quiser).
e) Aplicação: medicina, indústria química ou farmacêutica etc.

Dica: Faça anotações ao realizar sua pesquisa (em um caderno ou até mesmo em um documento do Word), pois isso facilitará a montagem da apresentação no PowerPoint.

Esta atividade pode ser realizada em grupos; assim, cada grupo pode escolher um elemento para depois debaterem sobre o assunto.

Capítulo 5

Teoria do campo cristalino – Parte I

Vannia Cristina dos Santos Durndell

Início do experimento

As teorias que descrevem as ligações entre os compostos de coordenação, assim como as teorias de ligação em geral, tentam correlacionar a estabilidade ao abaixamento de energia promovido pela movimentação dos elétrons no sistema em questão. No entanto, as ligações dos compostos de coordenação são consideravelmente distintas, em virtude principalmente da participação dos orbitais d. Tais teorias correlacionam o comportamento dos elétrons utilizados nas ligações do metal de transição com os ligantes e os elétrons não ligantes às propriedades que são particulares da classe dos metais do bloco d.

Por volta de 1930, surgiu a teoria de ligação de valência, proposta por Linus Pauling, que admitia efeitos de hibridização de orbitais, porém não conseguia explicar propriedades essenciais dos complexos. Em 1929, Hans Bethe propôs a teoria do campo cristalino (TCC), com base no caráter eletrostático da ligação do metal de transição com o ligante (M-L). Entre 1935 e 1945, John H. Van Vleck propôs a teoria do campo ligante (TCL), admitindo efeitos de covalência na ligação M-L, que resulta da teoria dos orbitais moleculares (TOM), considerada a mais abrangente.

Entretanto, a TCC ainda é amplamente utilizada, pois proporciona uma excelente explicação, mais simples e direta, sobre a correlação entre a estrutura eletrônica dos compostos de coordenação e as propriedades espectroscópicas e magnéticas. Assim, neste capítulo, discutiremos os conceitos relacionados à TCC, com ênfase nos compostos de coordenação octaédricos, no que se refere à estabilidade e às propriedades magnéticas.

5.1 Introdução à teoria do campo cristalino

Proposta por Hans Bethe em 1929, a teoria do campo cristalino (TCC) surgiu na tentativa de explicar as características espectroscópicas dos íons metálicos nos sólidos cristalinos (Bethe, 1929). Seus conceitos baseiam-se na ideia de que, em um cristal, os íons metálicos são cercados por ânions, que promovem a formação de um campo elétrico, o que, como consequência, leva a uma redução nos níveis de energia dos orbitais d do íon metálico.

Alguns anos depois, os químicos perceberam que poderiam aplicar esses conceitos aos compostos de coordenação, pois a ideia de ânions ao redor de um íon metálico poderia ser entendida como ligantes ao redor de um íon metálico para formar um composto de coordenação. Sabemos que alguns ligantes podem ser espécies aniônicas, bem como espécies neutras. Neste último caso, podemos entender a interação como uma atração dos polos negativos dos dipolos das moléculas pelo íon metálico central. De qualquer forma, consideramos qualquer ligante como um ponto de carga negativa que pode, do mesmo modo, promover a formação de um campo eletrostático e perturbar os elétrons nos orbitais d do íon metálico central.

Alguns anos depois, Van Vleck inseriu alguns ajustes na teoria de Bethe, admitindo efeitos de covalência nas ligações M-L, formulando a teoria do campo ligante (TCL). Van Vleck foi também responsável pelo desenvolvimento da teoria do magnetismo aplicada aos compostos de coordenação, incorporando os conceitos da TCC e promovendo seu uso para os químicos.

Como a TCC se baseia na interação de caráter puramente eletrostático da ligação M-L, alguns resultados são aproximados para os casos em que a ligação M-L seja substancialmente covalente, visto que ligações coordenadas resultam da doação de um par de elétrons. Contudo, você ficará surpreso com a forma pela qual os conceitos da TCC conseguem explicar de uma maneira simples as propriedades distintas dos compostos de coordenação, tais como cor, estabilidade e magnetismo. Isso está relacionado ao fato de que a TCC também está baseada nos conceitos de simetria, assim como a TCL e a teoria dos orbitais moleculares (TOM).

As propriedades dos compostos de coordenação podem ser justificadas pelo efeito de desdobramento dos orbitais d em níveis de energia diferentes e, para que possamos compreender seus efeitos, precisamos conhecer o arranjo espacial desses orbitais. Existem várias maneiras de representar os cinco orbitais d, porém, consideramos a representação da Figura 5.1 umas das mais elegantes.

O formato dos orbitais d é baseado nas representações das funções de onda que descrevem a probabilidade de se encontrar o elétron em uma região do espaço, aqui representada por quatro lóbulos de sinais alternados para os orbitais d_{xy}, d_{xz}, d_{yz} e $d_{x^2-y^2}$ e um duplo lóbulo cercado por um anel para o orbital d_{z^2}. Na verdade, o orbital d_{z^2} é proveniente de uma combinação linear das funções de onda dos orbitais $d_{z^2-x^2}$ e $d_{z^2-y^2}$. É muito importante ter em mente que os orbitais d_{xy}, d_{xz} e d_{yz} apresentam densidades eletrônicas situadas entre os eixos de coordenadas cartesianas e que os orbitais d_{z^2} e $d_{x^2-y^2}$ apresentam maior densidade eletrônica nas direções coincidentes com os eixos. Essas observações serão fundamentais quando inserirmos as contribuições dos ligantes ao redor desses orbitais.

Figura 5.1 – Orientação espacial das regiões com alta densidade eletrônica para os cinco orbitais d de um metal de transição d_{xy}, d_{xz}, d_{yz} e $d_{x^2-y^2}$ e d_{z^2} (combinação dos orbitais $d_{z^2-x^2}$ e $d_{z^2-y^2}$)

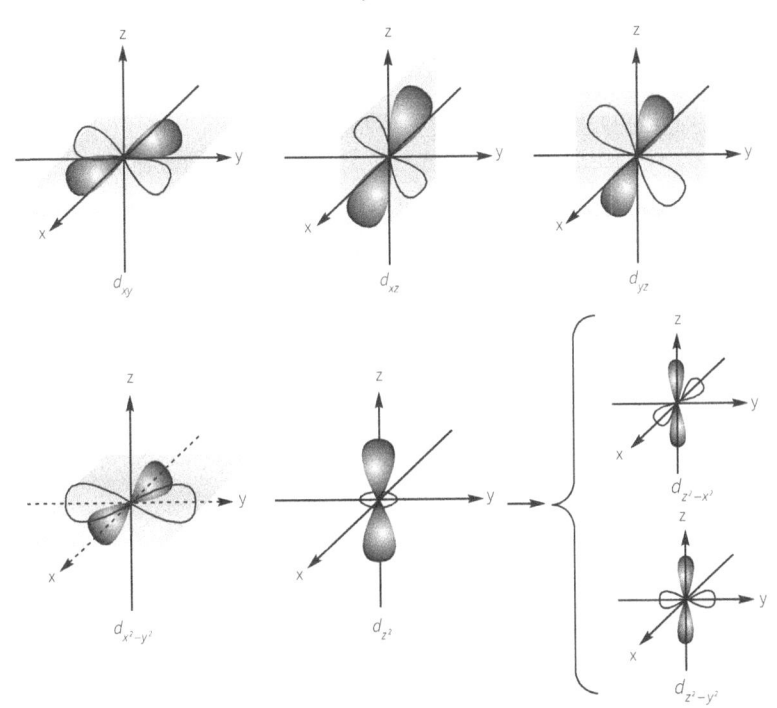

Os cinco orbitais *d* em um íon metálico livre, na fase gasosa, apresentam um mesmo nível de energia e são, por isso, denominados *degenerados*.

Como estamos tratando a ligação M-L como cargas pontuais dos ligantes e do íon metálico central, precisamos levar em consideração que, quando um ligante se aproxima do íon metálico central, um novo efeito de repulsão acontece envolvendo o elétron do metal e o elétron do ligante. O efeito de repulsão tende a aumentar a energia dos orbitais do metal, porém esse efeito vai depender da simetria do campo cristalino que interagir com os elétrons dos orbitais *d* do metal.

Se um campo eletrostático de simetria esférica se aproxima do íon metálico, o nível de energia dos orbitais aumenta como consequência da repulsão generalizada entre o campo elétrico negativo e os elétrons presentes nos orbitais. No entanto, permanecem degenerados, pois o nível de energia aumenta com mesma intensidade para todos os orbitais, em razão do caráter simétrico do campo esférico. Qualquer simetria inferior à esférica leva a uma quebra na degenerescência, pela quebra da simetria.

Vamos considerar agora a aproximação de ligantes em um campo cristalino de simetria octaédrica (O_h). Nesse caso, a simetria do campo cristalino foi reduzida de esférica para octaédrica e, assim, observamos uma quebra da degenerescência. De maneira geral, notamos um aumento no nível de energia, se comparado ao íon livre. Entretanto, há um desdobramento de energia dos orbitais em dois níveis diferentes, ou seja, eles passam a apresentar dois níveis degenerados de energia, como representado na Figura 5.2. Esse desdobramento de energia e sua consequência são o ponto crucial que vai nortear as discussões a seguir.

Figura 5.2 – Desdobramento de energia dos orbitais d pela presença de um campo cristalino de simetrias diferentes

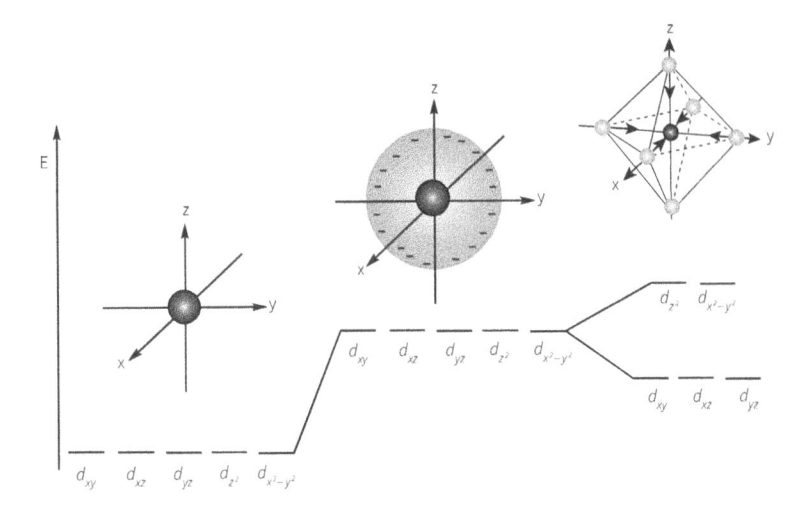

5.2 Compostos de coordenação octaédricos

Discutiremos, agora, as razões pelas quais ocorre o desdobramento de energia dos orbitais d em compostos octaédricos e suas consequências. Na Figura 5.3, observamos um esquema que representa a interação entre os ligantes e cada um dos cinco orbitais d de um metal de transição. Consideremos os ligantes posicionados simetricamente nos eixos cartesianos (x, y e z). Podemos observar que os orbitais $d_{x^2-y^2}$ e d_{z^2} apresentam regiões de maior densidade eletrônica sobre os eixos x, y e z, em que estão localizados os ligantes. Como consequência, os elétrons nesses orbitais sofrem uma repulsão mais intensa provocada pelos elétrons dos ligantes, o que leva a um aumento de energia. Os orbitais d_{xy}, d_{xz} e d_{yz} apresentam regiões de maior densidade eletrônica entre os eixos nos quais os ligantes estão localizados; consequentemente, os elétrons dos orbitais não sofrem diretamente os efeitos de repulsão intereletrônica, levando a uma redução de energia. Os orbitais de maior energia $d_{x^2-y^2}$ e d_{z^2} podem ser chamados de e_g e os orbitais d_{xy}, d_{xz} e d_{yz} podem ser denominados t_{2g}. Esses termos têm origem na simetria dos orbitais d, em simetria O_h. O termo e significa "duplamente degenerado" (e origina-se da palavra alemã *entartet*, que significa "degenerado"). Já o t significa "triplamente degenerado" (g origina-se da palavra alemã *gerade*, que significa "par"). Este último termo está relacionado com a simetria dos orbitais de uma molécula de simetria O_h em relação ao seu comportamento quando submetida à operação de inversão por meio do centro de inversão. O orbital é designado g (par) pois fica inalterado após a operação de inversão.

Figura 5.3 – Desdobramento de energia dos orbitais *d* em campo octaédrico pela presença dos ligantes

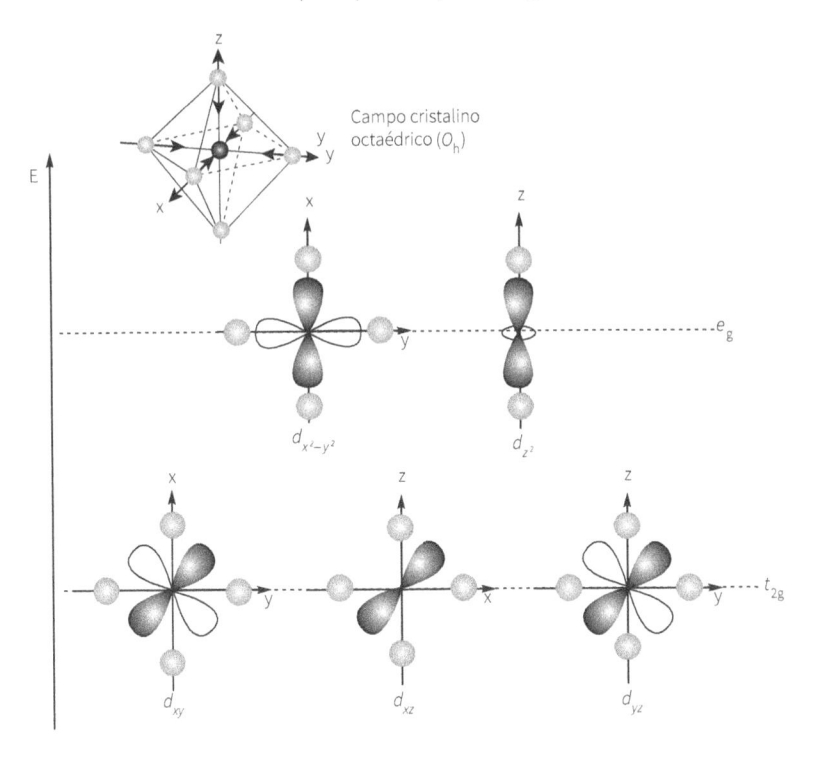

Essa separação entre os dois conjuntos de orbitais e_g e t_{2g} pode ser definida como o desdobramento do campo cristalino e é expressa pelo parâmetro Δ_o, em que $(_o)$ se refere a um campo cristalino octaédrico (O_h). Observe, na Figura 5.4, a representação do diagrama de desdobramento de um campo cristalino octaédrico. Podemos identificar duas etapas nesse processo. Inicialmente, os ligantes aproximam-se do íon metálico central em um campo simetricamente esférico, de forma que os elétrons dos cinco orbitais d sofrem na mesma intensidade o efeito de repulsão. Em um segundo momento, há uma quebra de simetria, de esférica para octaédrica, e, consequentemente, há quebra de degenerescência, em que o nível de energia dos orbitais degenerados corresponde ao centro de gravidade ou baricentro. Esse fato está relacionado com o conceito de manutenção da energia média do sistema, segundo o qual, o desdobramento da energia dos orbitais não altera sua energia média, em relação àquela observada em um ambiente de simetria esférica. Uma vez que os orbitais presentes em e_g e t_{2g} são diferentes, bem como suas contribuições energéticas, para que esse equilíbrio se mantenha, há a formação de dois orbitais e_g situados acima do baricentro. Isso se deve ao efeito de repulsão maior do que no ambiente esférico, por um fator de $(3/5)\Delta_O$, ao mesmo tempo que há uma estabilização dos orbitais t_{2g} por um fator de $(2/5)\Delta_O$ abaixo do baricentro. A diferença de energia dos dois orbitais pode ser expressa por $\Delta_O = (-2/5)\Delta_O + (3/5)\Delta_O$. Dessa forma, o centro de energia, ponto de equilíbrio ou baricentro é mantido, e essa observação pode ser estendida para todos os compostos de coordenação, independentemente da geometria ou simetria.

Figura 5.4 – Diagrama do desdobramento de campo cristalino de simetria octaédrica (O_h)

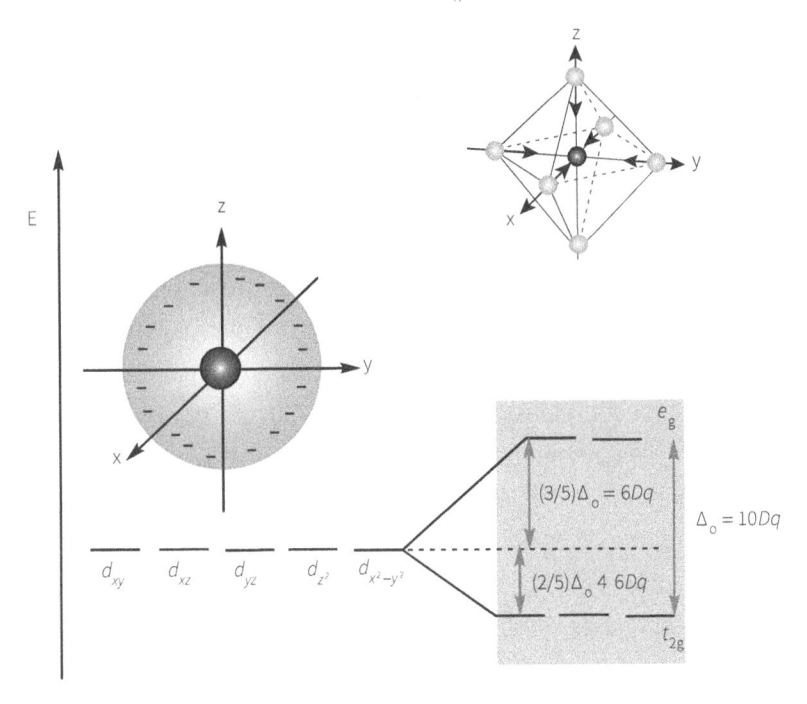

O parâmetro de desdobramento do campo cristalino Δ_0 também pode ser expresso em termos de 10 Dq. Esse termo tem origem nas medidas utilizadas nas aplicações matemáticas do modelo eletrostático e era empregado por Bethe. Assim, podemos também utilizar os termos em Dq para descrever os níveis de energia dos orbitais e_g e t_{2g}, em que e_g estaria situado a 6 Dq acima do baricentro e os orbitais t_{2g} estariam a 4 Dq abaixo do baricentro. A diferença de energia dos dois orbitais pode ser dada por $\Delta_0 = (-4\,Dq) + (6\,Dq) = 10\,Dq$.

Para todas as configurações diferentes de d^0, d^5 e d^{10}, o desdobramento de energia dos orbitais d promove um abaixamento da energia total do sistema. Esse fato está relacionado com o modo como os elétrons d vão ocupar preferencialmente os orbitais de energia mais baixa t_{2g}.

O valor de Δ_0 é sempre 10 Dq para qualquer composto de coordenação octaédrico, porém, quando expressamos essa medida em cm^{-1} ou em kJ, sua magnitude pode variar. Esta pode ser medida experimentalmente por espectroscopia eletrônica na região do UV-Visível. As transições eletrônicas referentes aos elétrons dos orbitais $e_g \leftarrow t_{2g}$ ocorrem na faixa do visível do espectro eletromagnético (380 a 750 nm), por isso os compostos de coordenação são coloridos, como discutimos no capítulo anterior.

A magnitude de Δ_0 permite avaliar a estabilidade do campo cristalino, pela medida da diferença de energia entre os orbitais e_g e t_{2g}. A energia de estabilização do campo cristalino (EECC), dada pela magnitude de Δ_0, determina a força do campo cristalino, que pode ser identificado como campo cristalino fraco ou campo cristalino forte. A magnitude de Δ_0, assim como a força do campo cristalino, depende de três fatores principais, descritos na sequência: natureza do ligante, natureza do metal e estado de oxidação do metal.

Natureza do ligante

A identidade do ligante reflete a força de interação M-L e tem consequência nas propriedades dos compostos de coordenação. Analisemos os exemplos da série de compostos $[Cr(NH_3)_5L]^{n+}$ com L variando entre NH_3, H_2O, Cl$^-$, Br$^-$ e I$^-$. Essa série de compostos varia da cor amarela (L = NH_3), passando pela cor rosa (L = Cl^-), até a cor púrpura (L = I^-). O esquema representativo da variação de cor em decorrência do tipo de ligantes pode ser visualizado na Figura 5.5. Notamos que, na presença do ligante NH_3, ocorreu uma transição eletrônica de maior energia, na faixa do violeta (380-440 nm), e, como observamos a cor complementar, o composto apresenta a cor amarela. Quando um ligante NH_3 foi substituído por Cl^- e I^-, ocorreram transições eletrônicas em região de menor energia, na faixa do verde e do amarelo (490-580 nm), por isso as cores observadas foram as complementares, rosa e violeta, respectivamente.

Figura 5.5 – Variação nas cores dos compostos da série de compostos $[Cr(NH_3)_6]^{3+}$, $[CrCl(NH_3)_6]^{2+}$ e $[CrI(NH_3)_6]^{2+}$ como consequência da força dos ligantes

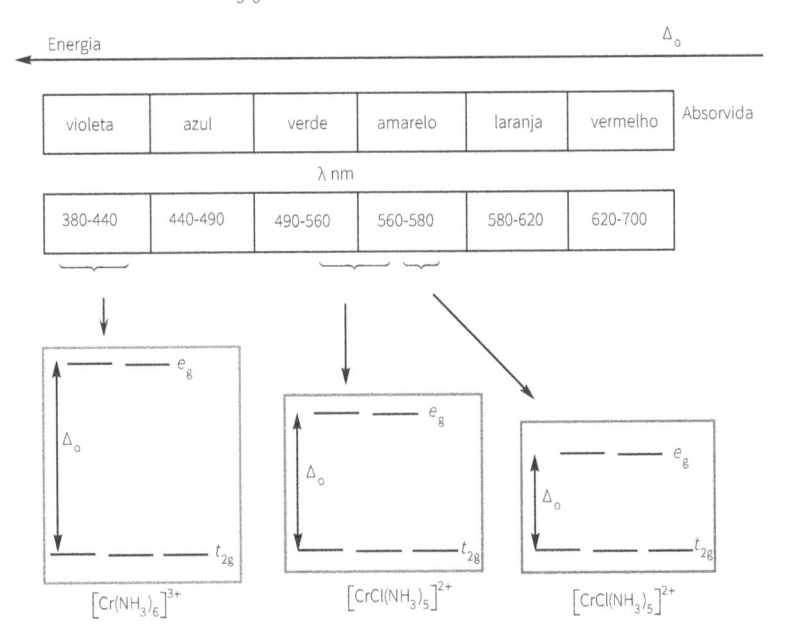

Resultados semelhantes foram obtidos para a série de compostos $[Co(NH_3)_5L]^{n+}$ com L variando entre NO_2^-, NH_3, H_2O, NO_3^-, NCS^-, OH^-, Cl^- e Br^-. Quando soluções desses compostos foram analisadas por espectroscopia eletrônica na região do UV-Visível, observaram-se bandas de absorção de 450 nm até 550 nm (do ligante NO_2^- até o ligante Br^-). Os resultados dessas duas séries de compostos indicam que ocorreram transições eletrônicas com diferentes energias, ou seja, com diferentes magnitudes de Δ_O. Como o comprimento de onda da radiação em nm está inversamente proporcional à energia requerida para a transição $e_g \leftarrow t_{2g}$, podemos afirmar que a magnitude de Δ_O é maior para os ligantes NO_2^- e NH_3 e menor para os ligantes Br^- e I^-.

Assim, para uma grande variedade de compostos, é possível listar os ligantes em ordem de energia de transição. De fato, uma série de ligantes foi investigada experimentalmente por Ryutaro Tsuchida (1938). Com os resultados provenientes das análises dos espectros eletrônicos, foi possível descrever uma série espectroquímica, organizada em uma ordem crescente de energia de transições eletrônicas:

$I^- < Br^- < S^{2-} < \underline{S}CN^- < Cl^- < \underline{NO}_2^- < N^{3-} < F^- < OH^- < C_2O_4^{2-} < H_2O < \underline{N}CS^- < py < NH_3 < en < bipy < phen < \underline{N}O_2^- < PPh_3 < \underline{C}N^- < CO$

A série espectroquímica foi, a princípio, determinada experimentalmente, porém foi e ainda é objeto de estudo de muitos químicos inorgânicos. Por isso, já foi possível demonstrar que os resultados experimentais e os resultados obtidos por meio de técnicas espectroscópicas mais avançadas em conjunto com cálculos oriundos da química quântica concordam entre si (Ishii et al., 2009; Schwalenstocker et al., 2016).

Embora a TCC não consiga explicar as diferenças das interações dos ligantes com os metais, visto que estes são tratados como cargas pontuais, utilizando a série espectroquímica, podemos indicar que um íon metálico ligado a um ligante como o CN^- e o CO vai apresentar uma energia de transição mais alta que um complexo com ligante Cl^-. Dessa forma, dizemos que um complexo formado por um ligante presente no final da série espectroquímica, como o CN^- e o CO, apresenta um campo cristalino forte, ou que estes são ligantes de campo forte. Da mesma forma, complexos formados por ligantes do início da série, como os haletos (I^- e Br^-), apresentam campo cristalino fraco, ou são ligantes de campo fraco. Em termos de magnitude de Δ_0, é possível afirmar que um ligante de campo forte apresenta um Δ_0 mais elevado do que um de campo fraco, assim como observamos na Figura 5.6. A interpretação das diferentes interações dos ligantes com os metais pode ser obtida pela TCL e pela TOM, pois estão relacionadas com o caráter dos orbitais dos ligantes, assim como dos orbitais dos metais.

Figura 5.6 – Efeito da magnitude de Δ_o em campos cristalinos fracos e fortes

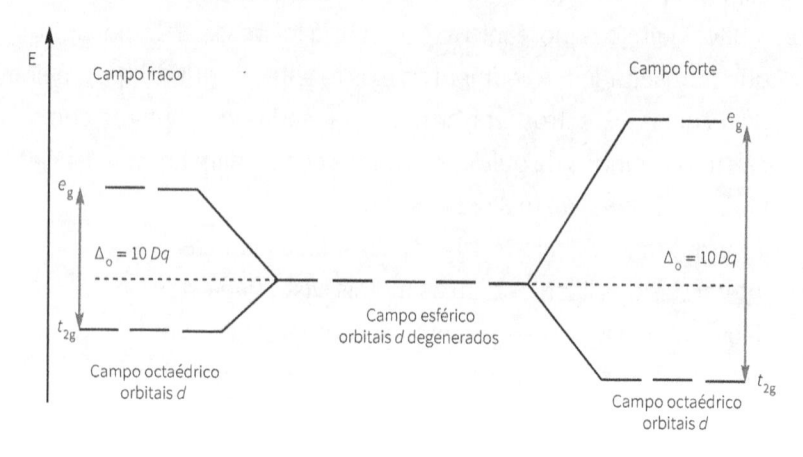

Natureza do metal

Alguns estudos com complexos formados por metais divalentes da primeira série de transição M^{2+} com ligantes de campo intermediário como $[M(H_2O)_6]^{2+}$ e $[M(NH_3)_6]^{2+}$ indicaram esta sequência de energia de transição:

$Mn^{2+} < Ni^{2+} < Co^{2+} < Fe^{2+} < V^{2+}$

Quando os metais de transição são de mesma natureza, por exemplo, são do mesmo período $3d$, o aumento dos elétrons de $3d^1$ a $3d^9$ é acompanhado também pelo aumento dos prótons no núcleo, o que promove maior atração elétron-núcleo, levando a uma contração radial ao longo da série. Dessa forma, a redução do raio iônico acompanhada do aumento da carga nuclear efetiva leva à formação de ligações M-L mais curtas em virtude de uma atração maior dos ligantes; consequentemente, ocorre maior perturbação da nuvem eletrônica dos orbitais d. Esse fato faz com que o desdobramento do campo cristalino seja maior, por isso observamos um aumento na magnitude de Δ_O.

Por outro lado, a magnitude de Δ_O tende a aumentar para metais de transição ao descer no grupo, com orbitais $3d < 4d < 5d$. Para metais de um mesmo grupo, o número de elétrons permanece constante, como no caso dos íons Fe^{2+} (d^6) e Ru^{2+} (d^6), e há um aumento do raio iônico. Como o volume dos orbitais $4d$ e $5d$ é maior, como consequência haverá uma repulsão intereletrônica menor. Esse fato leva a uma maior eficiência na interação dos orbitais do metal com os orbitais do ligante. No entanto, isso pode ser explicado recorrendo-se ao fenômeno de sobreposição de orbitais, descrito pela TCL.

A série estendida pode ser descrita, de forma aproximada, da seguinte forma:

$Mn^{2+} < Ni^{2+} < Co^{2+} < Fe^{2+} < V^{2+} < Fe^{3+} < Co^{3+} < Mo^{3+} < Rh^{3+} < Ru^{3+} < Pd^{4+} < Ir^{3+} < Pt^{4+}$

Estado de oxidação do metal

A magnitude de Δ_0 tende a aumentar com o aumento do estado de oxidação do metal de transição. Esse fenômeno pode estar relacionado ao efeito da relação carga/raio, pois o aumento de carga promove uma maior repulsão intereletrônica, o que leva a maior perturbação da nuvem eletrônica dos orbitais d. Em decorrência da presença de uma carga mais elevada, a ligação M-L torna-se mais curta e, consequentemente, mais forte. Isso faz com que o desdobramento de energia do campo cristalino seja maior, por isso observamos um aumento na magnitude de Δ_0.

De maneira geral, uma interação maior M-L leva a uma maior perturbação da densidade eletrônica dos orbitais d e, como consequência, a um maior desdobramento de energia entre os orbitais e_g e t_{2g}. Além disso, o desdobramento de energia, ou quebra da degenerescência, promove uma estabilização, pelo abaixamento de energia do sistema.

5.2.1 Energia de estabilização do campo cristalino

É possível verificar essa estabilização por meio dos cálculos da EECC em relação ao baricentro:

Equação 5.1

$$EECC = (-2/5)\Delta_0 + (3/5)\Delta_0 \text{ ou } EECC = (-0,4x) + (0,6y)\Delta_0$$

Na Figura 5.7 são apresentados os resultados dos cálculos de EECC para as configurações eletrônicas menos do que semipreenchidas d^1, d^2 e d^3. Para o caso de um íon metálico com somente um elétron, como o íon Ti^{3+} de configuração eletrônica [Ar] $3d^1$, o único elétron disponível ocupa um dos orbitais de menor energia t_{2g}, que apresenta um valor de EECC = $-0,4\Delta_0$ em relação ao baricentro. Esse resultado evidencia a estabilização de $0,4\Delta_0$, se comparado a um campo cristalino esférico, e podemos descrever a configuração eletrônica do estado fundamental do metal em campo cristalino octaédrico como t_{2g}^1.

Para íons metálicos como o V^{3+} e o Cr^{3+} de configurações eletrônicas $3d^2$ e $3d^3$ respectivamente, precisamos preencher os orbitais com os elétrons de valência seguindo a regra de Hund para garantir maior estabilidade, que é obtida maximizando-se os *spins* paralelos. Por isso, para o caso dos orbitais d, inserimos um elétron em cada um dos orbitais.

Desse modo, podemos notar que, para íons metálicos com configurações eletrônicas d^1, d^2 e d^3 em simetria octaédrica, os elétrons ocupam os orbitais de menor energia t_{2g}, com configuração de estado fundamental t_{2g}^1, t_{2g}^2 e t_{2g}^3 respectivamente. Essas configurações, por consequência, promovem uma estabilização do campo cristalino octaédrico, se comparado ao ambiente esférico da ordem de $0,4\Delta_0$, $0,8\Delta_0$ e $1,2\Delta_0$ respectivamente.

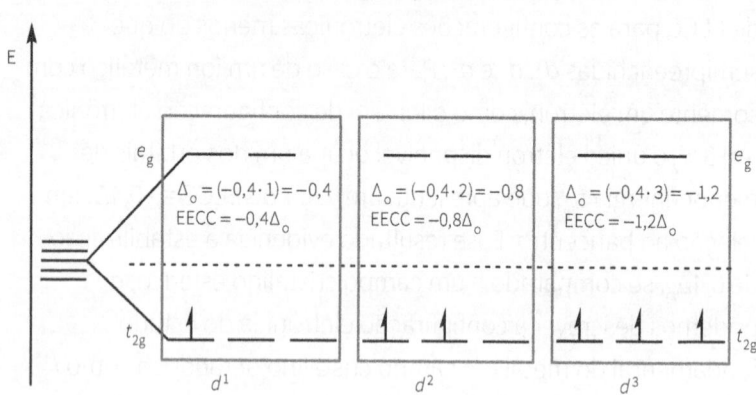

Figura 5.7 – EECC para as configurações d^1, d^2 e d^3

[Diagrama mostrando três configurações]

d^1: $\Delta_o = (-0,4 \cdot 1) = -0,4$; EECC $= -0,4\Delta_o$

d^2: $\Delta_o = (-0,4 \cdot 2) = -0,8$; EECC $= -0,8\Delta_o$

d^3: $\Delta_o = (-0,4 \cdot 3) = -1,2$; EECC $= -1,2\Delta_o$

Note agora como ficam a configuração e a estabilização quando adicionamos um elétron (Figura 5.8). Para o íon metálico Cr^{2+} de configuração eletrônica [Ar] $3d^4$, surgem duas opções para o preenchimento dos orbitais com os quatro elétrons. Seguindo a regra de Hund, podemos adicionar o quarto elétron em um dos orbitais e_g. A segunda opção seria adicionar o quarto elétron em um dos orbitais no nível t_{2g} de menor energia, porém consumindo uma energia de emparelhamento P, em virtude da repulsão coulombiana forte envolvida na adição de dois elétrons em um mesmo orbital, de acordo com o princípio de exclusão de Pauli, segundo o qual em um mesmo orbital podemos acomodar dois elétrons com *spins* opostos ou antissimétricos. No primeiro caso, estamos diante de uma situação de campo fraco com *spin* alto, pois uma maior estabilidade é obtida maximizando-se os *spins* paralelos. No segundo caso, estamos diante de um campo fraco com *spin* baixo.

Entretanto, a configuração preferencial será aquela que promover uma maior estabilização de campo cristalino. Após o balanço das estabilidades de cada caso, observamos que, na presença de um campo fraco, a configuração de estado fundamental $t_{2g}^3 e_g^1$ leva a uma EECC = $-0,4\Delta_0$ e, na presença de um campo forte com configuração t_{2g}^4, observamos uma EECC = $1,2\Delta_0$ + P, em que P se refere à energia de emparelhamento.

Assim, a configuração preferencial depende de:

- Δ_0 > P: ocorre quando o campo é forte o suficiente para investir num gasto de energia para emparelhar os elétrons em um mesmo orbital, e o resultado nos fornece uma configuração com menor um número de *spins* paralelos, denominada *spin baixo*. Essa situação se dá em compostos de coordenação com ligantes de campo forte, de acordo com a série espectroquímica. Um exemplo pode ser dado pelo complexo $[Cr(CN)_6]^{4-}$, que apresenta uma configuração de estado fundamental t_{2g}^4. Como o ligante CN^- se encontra mais ao fim da série espectroquímica, ele promove a formação de um campo cristalino forte, por isso é obtida uma estabilização ocupando-se os orbitais inferiores. Esse complexo pode, dessa forma, ser identificado como de *spin* baixo.

- Δ_0 < P: ocorre quando o campo é fraco, ou não é forte o suficiente para promover o emparelhamento dos elétrons em orbitais de menor energia, e o resultado nos fornece uma configuração com um maior número de *spins* paralelos, denominada *spin alto*. Um exemplo é o complexo $[Cr(H_2O)_6]^{2+}$, que apresenta configuração de estado fundamental $t_{2g}^3 e_g^1$. O ligante H_2O é consideravelmente mais fraco do que CN^- e promove a formação de um campo cristalino fraco, por isso a estabilização é obtida ocupando-se também os orbitais de energia mais alta. Assim, esse complexo pode ser classificado como de *spin* alto.

Figura 5.8 – EECC para a configuração d^4

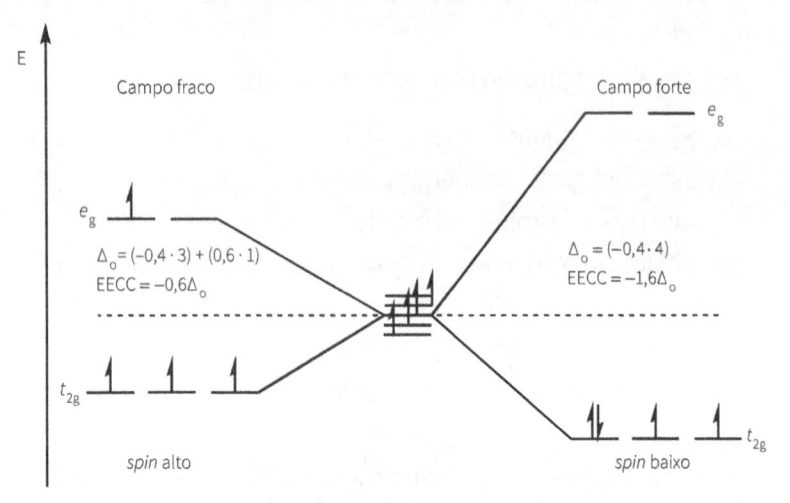

Campo fraco

$\Delta_o = (-0,4 \cdot 3) + (0,6 \cdot 1)$
EECC $= -0,6\Delta_o$

spin alto

Campo forte

$\Delta_o = (-0,4 \cdot 4)$
EECC $= -1,6\Delta_o$

spin baixo

Da mesma forma, para íons metálicos com configuração eletrônica semipreenchida d^5, d^6 e d^7, podem existir duas situações de acordo com a força do campo cristalino Δ_o e com a energia de emparelhamento P. Vale lembrar que o tipo de ligante e de metal vai influenciar na força do campo, como discutimos anteriormente, e, assim, na condição de *spin* alto ou baixo. A série espectroquímica nos fornece um bom direcionamento para identificar a condição mais estável, se apresenta uma condição de *spin* alto ou baixo. No entanto, não é possível identificar um ponto específico na série em que um composto pode alterar de *spin* alto para *spin* baixo.

Com relação às discussões sobre a natureza dos metais de transição feitas anteriormente, podemos correlacionar o tamanho ou volume dos orbitais d com a facilidade de vencer a repulsão coulombiana para emparelhar elétrons em um mesmo orbital. Íons metálicos mais pesados com orbitais $4d$ e $5d$ são mais expandidos do que aqueles com orbitais $3d$, por isso a repulsão intereletrônica é menor. Essa condição permite acomodar mais facilmente dois elétrons em um mesmo orbital sem sofrer grandes efeitos de repulsão, como seria esperado para orbitais $3d$.

Desse modo, podemos prever que os íons metálicos Fe^{3+} ($3d^5$) e Ru^{3+} ($4d^5$), pertencentes ao mesmo grupo, formam compostos de baixo *spin* ou alto *spin*. O complexo $[Fe(ox)_3]^{3-}$ apresenta uma configuração de estado fundamental $t_{2g}^3 e_g^1$, e o complexo $[Ru(ox)_3]^{3-}$ apresenta uma configuração de estado fundamental t_{2g}^5. O ligante oxalato (ox ou $C_2O_4^{2-}$) apresenta uma força intermediária, o que pode ser um efeito do volume dos orbitais d. Os orbitais $4d$ do íon Ru^{3+} são mais volumosos do que os orbitais $3d$ do íon Fe^{3+}, por isso eles podem emparelhar elétrons nos orbitais de menor energia, levando à formação de um composto de *spin* baixo. Logo, o complexo $[Fe(ox)_3]^{3-}$ não se mostra capaz de emparelhar os elétrons nos orbitais de menor energia, de modo que ocupam os o de maior energia, levando à formação de um composto de *spin* alto.

Para os íons metálicos com configurações eletrônicas mais do que semipreenchidas d^8 e d^9 (Figura 5.9), você pode notar que existe somente uma possibilidade de preenchimento dos elétrons nos orbitais. Esse resultado leva a uma estabilização do campo cristalino de EECC = $-1,2\Delta_O$ numa configuração $t_{2g}^6 e_g^3$ e EECC = $-0,6\Delta_O$ referente à configuração $t_{2g}^6 e_g^3$. Para d^{10}, a única configuração possível é $t_{2g}^6 e_g^4$, e não se observa nenhuma estabilização se comparado com o campo cristalino esférico (EECC = $0\Delta_o$), pois os orbitais se apresentam totalmente preenchidos pelos elétrons.

Figura 5.9 – EECC para as configurações d^8, d^9 e d^{10}

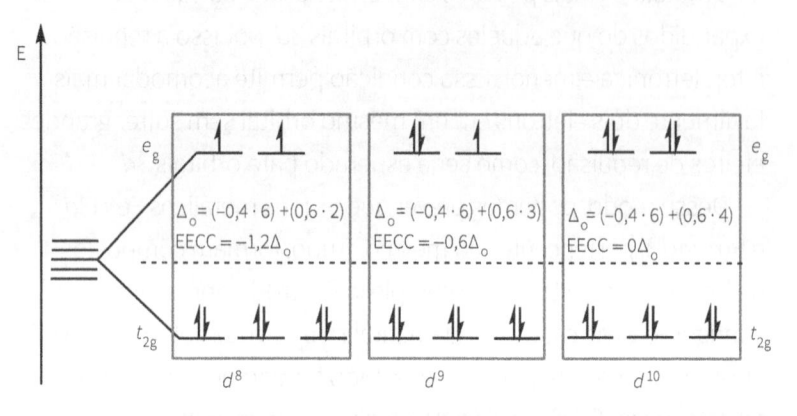

d^8: $\Delta_o = (-0,4 \cdot 6) + (0,6 \cdot 2)$, EECC = $-1,2\Delta_o$

d^9: $\Delta_o = (-0,4 \cdot 6) + (0,6 \cdot 3)$, EECC = $-0,6\Delta_o$

d^{10}: $\Delta_o = (-0,4 \cdot 6) + (0,6 \cdot 4)$, EECC = $0\Delta_o$

Na Tabela 5.1, podemos observar um resumo das configurações eletrônicas, EECC com o número de elétrons desemparelhados de d^1 a d^{10} nos campos fortes e fracos.

Tabela 5.1 – Efeitos de campo cristalino forte e fraco para compostos octaédricos na EECC

d^n	Campo fraco			Campo forte		
	Configuração	N	EECC	Configuração	N	EECC
d^1	t_{2g}^1	1	$-0,4\Delta_o$	t_{2g}^1	1	$-0,4\Delta_o$
d^2	t_{2g}^2	2	$-0,8\Delta_o$	t_{2g}^2	2	$-0,8\Delta_o$
d^3	t_{2g}^3	3	$-1,2\Delta_o$	t_{2g}^3	3	$-1,2\Delta_o$
d^4	$t_{2g}^3 e_g^1$	4	$-0,6\Delta_o$	t_{2g}^4	2	$-1,6\Delta_o + P$

(continua)

(Tabela 5.1 – conclusão)

	Campo fraco			Campo forte		
d^5	$t_{2g}^3 e_g^2$	5	$0\Delta_o$	t_{2g}^5	1	$-2{,}0\Delta_o + 2P$
d^6	$t_{2g}^4 e_g^2$	4	$-0{,}4\Delta_o$	t_{2g}^6	0	$-2{,}4\Delta_o + 2P$
d^7	$t_{2g}^5 e_g^2$	3	$-0{,}8\Delta_o$	$t_{2g}^6 e_g^1$	1	$-1{,}8\Delta_o + P$
d^8	$t_{2g}^6 e_g^2$	2	$-1{,}2\Delta_o$	$t_{2g}^6 e_g^2$	2	$-1{,}2\Delta_o$
d^9	$t_{2g}^6 e_g^3$	1	$-0{,}6\Delta_o$	$t_{2g}^6 e_g^3$	1	$-0{,}6\Delta_o$
d^{10}	$t_{2g}^6 e_g^4$	0	$0\Delta_o$	$t_{2g}^6 e_g^4$	0	$0\Delta_o$
N = número de elétrons desemparelhados.						

A EECC está diretamente relacionada à força de ligação M-L, que, por usa vez, se relaciona à contração do raio iônico, o que torna a ligação M-L mais curta e, consequentemente, mais forte. Essa relação fica clara quando analisamos a tendência dos valores de energia de hidratação e energia reticular para metais divalentes M²⁺ da primeira série de transição (3d), como apresentado na Figura 5.10.

Vale lembrar que a energia de hidratação diz respeito à energia liberada na formação de compostos de metais divalentes com o ligante H_2O:

$$M^{2+}(g) + \text{excesso } H_2O \rightarrow [M(H_2O)_6]^{2+}(\text{aquoso})$$

A energia reticular está relacionada à formação dos sólidos a partir de seus íons. Nesse caso, os valores apresentados referem-se à formação dos cloretos cristalinos:

$M^{2+}(g) + 2Cl(g) \rightarrow MCl_2(\text{sólido})$

Com relação à variação do raio iônico, podemos observar a tendência geral, representada pela linha pontilhada (Figura 5.10), que leva a um decréscimo de d^0 até d^{10}, passando por d^5. Esse seria o comportamento esperado desconsiderando-se a EECC. Os desvios dessa tendência acompanham os valores de EECC, porém de maneira inversa. É possível verificar que a contração do raio iônico é mais evidente para os íons d^3 e d^8, que, por sua vez, são os mais estabilizados pelo campo cristalino. Quando consideramos a força do campo cristalino, podemos observar uma maior contração no raio para o íon d^6 *spin* baixo, pois ele apresenta a maior estabilização de campo cristalino (EECC = 2,4Δ_0).

Esse comportamento reflete diretamente na energia liberada na hidratação dos íons metálicos divalentes M^{2+} da primeira série de transição, bem como na formação dos cloretos desses metais, como pode ser observado no gráfico inferior da Figura 5.10.

De maneira similar, os maiores desvios refletem a variação da EECC em campo fraco para ambos. Os maiores desvios observados para os íons d^3 e d^8 são resultado da energia extra de estabilização de campo cristalino.

Figura 5.10 – Correlações termoquímicas das entalpias de hidratação e reticular com a EECC e o raio iônico para metais divalentes M^{2+} da primeira série de transição

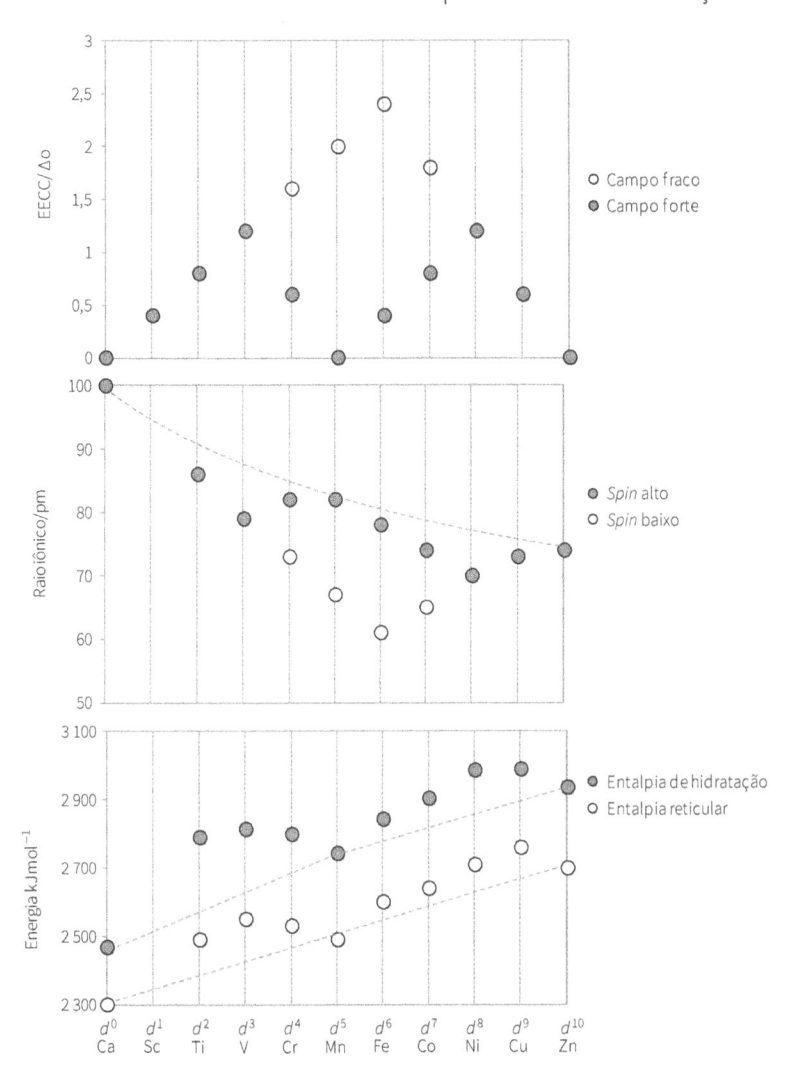

5.3 Propriedades magnéticas dos complexos

Como observamos anteriormente, muitos compostos de coordenação podem formar compostos de *spin* alto e de *spin* baixo, o que está diretamente relacionado à presença de elétrons desemparelhados nos orbitais *d*. Esse fenômeno descreve uma das propriedades mais importantes dos compostos de coordenação: as propriedades magnéticas. De fato, estas vêm exercendo um papel fundamental no desenvolvimento da TCC, sendo que, historicamente, a susceptibilidade magnética (χ) foi uma das primeiras propriedades empregadas na identificação dos compostos de coordenação.

5.3.1 Origem do magnetismo nos compostos de coordenação

Compostos de coordenação exibem um comportamento distinto quando expostos à presença de um campo magnético externo (H). Os efeitos resultantes ocorrem em razão dos movimentos de translação e de rotação dos elétrons, gerados em torno de uma órbita, por causa do momento angular orbital (L), e pelos *spins* dos elétrons, representados pelo momento angular de *spin* (S). As propriedades magnéticas estão associadas aos momentos magnéticos oriundos dos movimentos descritos na Figura 5.11. Em um íon ou átomo livre, cada elétron pode se movimentar em torno do núcleo dando origem a um momento magnético orbital (μ_L). Além disso, o elétron também apresenta um momento angular intrínseco, pelo movimento em torno de seu próprio eixo, dando origem ao momento magnético de *spin* (μ_S). O momento magnético resultante pode ser compreendido como a força desse campo magnético.

Figura 5.11 – Representação dos movimentos dos elétrons dando origem ao (a) momento magnético orbital (μ_L) e ao (b) momento magnético de *spin* (μ_S)

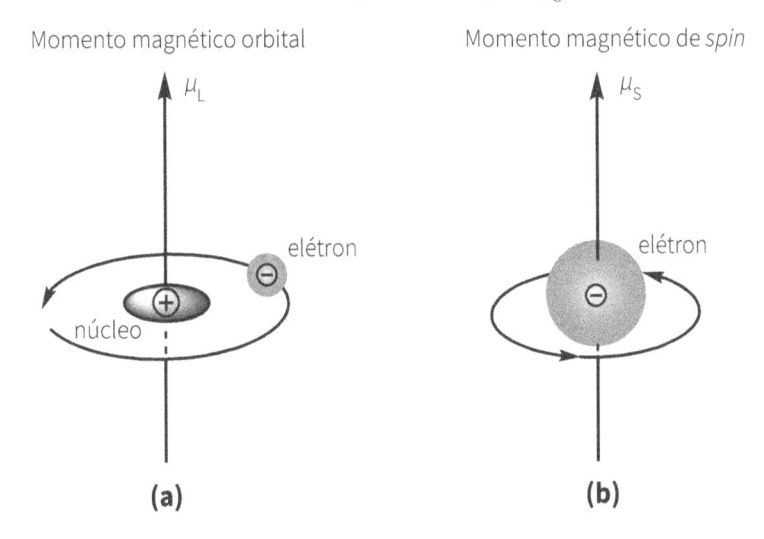

De acordo com a teoria desenvolvida por Van Vleck, o momento magnético resultante pode ser expresso em termos de J, oriundo da mecânica quântica, que representa o momento angular total, pois $J = L + S$.

Equação 5.2

$$\mu_j = g_j \sqrt{J(J + L)} \mu_B$$

em que:

Equação 5.3

$$g_j = \frac{\{1+[S(S+1) - L(L+1) + J(J+1)]\}}{2J(J+1)}$$

e μ_B tem origem no momento magnético clássico denominado *magnéton de Bohr* e significa:

Equação 5.4

$$\mu_B = \frac{eh}{2m_e} = 9{,}274 \times 10^{-24}\, JT^{-1}$$

Entretanto, para os metais de transição, principalmente os da primeira série 3*d*, o momento magnético orbital geralmente é desprezado, pois sua magnitude é muito inferior à do momento magnético de *spin*. Dessa forma, considerando apenas a contribuição do momento angular de *spin*, que ficou conhecido como *spin-only*, obtemos a equação a seguir, em que $L = 0$ e $J = S$.

Equação 5.5

$$\mu_{so} = 2\sqrt{S(S+1)}\,\mu_B$$

Note que, na equação, *S* se refere somente ao valor absoluto do número quântico total de *spin* e g_s resumiu-se a 2, pois os valores de μ_{so} obtidos experimentalmente diferem daqueles previstos pela equação, por um fator denominado *fator giromagnético* ou *fator g*. Para o elétron livre, este apresenta um valor de 2,0023, por isso pode ser simplificado como 2.

Para o cálculo do momento magnético de *spin*, devemos lembrar que o número quântico total de *spin S* é, na verdade, a soma dos *spins*, cujo momento angular associado é representado por s e assume o valor de $\frac{1}{2}$. Assim, para o caso de apenas um elétron, $s = \frac{1}{2}$ e, para o caso de x elétrons, $s = x(\frac{1}{2})$. Considerando apenas um elétron, sabemos que podemos obter o seguinte resultado:

$$\mu_{so} = 2\sqrt{S(S+1)} = 2\sqrt{\left(\frac{1}{2}\left(\frac{1}{2}+1\right)\right)} = 1{,}73\mu_B$$

Na Tabela 5.2 são apresentados os momentos magnéticos *spin-only* para os metais de transição da primeira série, em que é possível observar valores de μ_{so} calculados muito próximos dos medidos experimentalmente. Dessa forma, podemos utilizar essa expressão para prever o número de elétrons desemparelhados e distinguir os estados de *spin* (alto ou baixo), assim como a força do campo cristalino.

Tabela 5.2 – Momentos magnéticos *spin-only* para vários íons com vários N (elétrons desemparelhados)

Íon	N	S	μ_{so}	
			Calculado	Experimental
T^{3+}, V^{4+}, Cu^{2+}	1	$\frac{1}{2}$	1,73	1,7-1,8
V^{3+}, Ni^{2+}	2	1	2,83	2,7-2,9
Cr^{3+}, Co^{2+}, V^{2+}	3	$\frac{3}{2}$	3,87	3,8

(continua)

(Tabela 5.2 – conclusão)

Íon	N	S	μ_{so} Calculado	Experimental
Mn^{3+}, Fe^{2+}, Co^{3+}	4	2	4,90	4,8-4,9
Fe^{3+}, Mn^{2+}	5	$\frac{5}{2}$	5,92	5,9
N = número de elétrons desemparelhados.				

Fonte: Shriver; Atkins, 2008, p. 486.

A Tabela 5.3 apresenta um resumo das configurações eletrônicas, dos valores dos momentos magnéticos *spin-only* calculados μ_{so} e do número de elétrons desemparelhados de d^1 a d^{10} em ambos os estados de *spin* (alto e baixo).

Tabela 5.3 – Momentos magnéticos *spin-only* para todas as configurações eletrônicas possíveis em *spin* alto e baixo

d^n	*Spin* alto Distribuição eletrônica		N	μ_{so}	*Spin* baixo Distribuição eletrônica		N	μ_{so}
	t_{2g}	e_g			t_{2g}	e_g		
d^1	↑		1	1,73	↑		1	1,73
d^2	↑↑		2	2,83	↑↑		2	2,83
d^3	↑↑↑		3	3,87	↑↑↑		3	3,87
d^4	↑↑↑	↑	4	4,90	↑↓↑↑		2	2,83
d^5	↑↑↑	↑↑	5	5,92	↑↓↑↓↑		1	1,73

(continua)

(Tabela 5.3 – conclusão)

d^n	Spin alto Distribuição eletrônica		N	μ_{so}	Spin baixo Distribuição eletrônica		N	μ_{so}
	t_{2g}	e_g			t_{2g}	e_g		
d^6	↑↓↑↑	↑↑	4	4,90	↑↓↑↓↑↓		0	0
d^7	↑↓↑↑	↑↑	3	3,87	↑↓↑↓↑↓	↑	1	1,73
d^8	↑↓↑↓↑	↑↑	2	2,83	↑↓↑↓↑↓	↑↓	2	2,83
d^9	↑↓↑↓↑↓	↑↓↑	1	1,73	↑↓↑↓↑↓	↑↓	1	1,73
d^{10}	↑↓↑↓↑↓	↑↓↑↓	0	0	↑↓↑↓↑↓	↑↓↑↓	0	0
N = número de elétrons desemparelhados.								

Com base nos valores de μ_{so}, podemos identificar a configuração eletrônica e o estado de *spin* de um composto. Vamos pensar no seguinte exemplo: Sabendo que um composto formado por íons Co^{2+} em simetria octaédrica apresenta um momento magnético de $\mu_{so} = 4,0\ \mu_B$, qual é a configuração eletrônica possível para os elétrons d?

Como o cobalto apresenta a configuração [Ar] $3d^7 4s^2$, o íon Co^{2+} apresenta a configuração [Ar] $3d^7$. Distribuindo os sete elétrons nos orbitais t_{2g} e e_g, percebemos que existem duas possibilidades: preencher completamente os orbitais de menor energia, levando a uma configuração $t_{2g}^6 e_g^1$, com um elétron desemparelhado ($S = 1/2$), ou preencher com o maior número de *spins* paralelos, levando a uma configuração $t_{2g}^5 e_g^2$, com três elétrons desemparelhados ($S = 3/2$). Com base nesses valores de S, observamos na Tabela 5.3 que os valores de μ_{so} correspondentes são 1,73 μ_B e 3,87 μ_B. Assim, podemos definir a configuração $t_{2g}^5 e_g^2$ como a única consistente e o composto de Co^{2+} como de *spin* alto.

Pensando agora em um composto octaédrico de Co^{3+} cuja configuração é [Ar] $3d^6$, notamos que da mesma forma existem duas configurações possíveis. Pelas medidas magnéticas, podemos distinguir entre a configuração de *spin* baixo t_{2g}^6, em que $\mu_{so} = 0$, pois $S = 0$, e a configuração de *spin* alto $t_{2g}^4 e_g^2$, em que $\mu_{so} = 4,90\ \mu_B$, pois $S = 2$. Esse exemplo permite identificar os tipos de magnetismo presentes no composto, ou seja, se corresponde a um composto diamagnético ou paramagnético, como veremos a seguir.

5.3.2 Efeito do magnetismo nos compostos de coordenação

Como já comentamos, compostos de coordenação exibem um comportamento distinto quando expostos a um campo magnético externo (H). Vimos também qual é a origem desse comportamento. Agora, discutiremos qual é seu efeito e como define os tipos de magnetismo. Destes, os principais são apresentados na Tabela 5.4.

Tabela 5.4 – Tipos de magnetismo presentes nos compostos de coordenação

Tipos	Sinal de χ	Magnitude de χ^a	Dependência de χ com H	Origem
Diamagnetismo	– ($\chi < 0$)	$1 - 500 \times 10^{-6}$ (8×10^{-6} para o Cu)	Independente	Carga do elétron
Paramagne--tismo	+ ($\chi > 0$)	$0 - 10^{-2}$ (4×10^{-3} para o $FeSO_4$)	Independente	Movimento angular orbital e de *spin* dos elétrons em átomos individuais
Ferromagne--tismo	+ ($\chi > 0$)	$10^{-2} - 10^{6}$ (5×10^{3} para o Fe)	Dependente	Interação cooperativa entre μ dos átomos individuais
Antiferro--magnetismo	+ ($\chi > 0$)	$0 - 10^{-2}$	Dependente	Interação cooperativa entre μ dos átomos individuais

[a] Referente aos valores de χ_m susceptibilidade por mol de substância.

Fonte: Elaborado com base em Cotton; Wilkinson, 1972; Weller et al., 2018.

O primeiro comportamento, conhecido como *diamagnetismo*, ocorre em compostos com átomos que, por si sós, não apresentam um momento magnético ($\mu = 0$). Os compostos de coordenação diamagnéticos são aqueles que não apresentam elétrons desemparelhados. A presença somente de elétrons emparelhados está relacionada com o fato de que dois elétrons ocupam um mesmo orbital com *spins* opostos, apresentando, dessa forma, um campo magnético nulo.

Na presença de um campo magnético externo, ocorre certa movimentação eletrônica, promovendo a formação de um tipo de magnetismo muito fraco com sentido contrário ao do campo magnético aplicado H, ou seja, compostos diamagnéticos são repelidos pelo campo magnético. Todos os compostos apresentam esse tipo de magnetismo induzido; contudo, ele só pode ser notado na ausência de outros efeitos magnéticos, pois sua intensidade é muito baixa, na ordem de 10^{-6}.

O comportamento conhecido como *paramagnetismo* ocorre em compostos que, por si sós, apresentam um momento magnético ($\mu > 0$). Podemos afirmar que eles apresentam um momento de dipolo magnético permanente, porém a orientação desses dipolos é aleatória. Na presença de um campo magnético externo H, os dipolos magnéticos são alinhados no sentido do campo aplicado, ou seja, eles sofrem uma atração pelo campo magnético com uma força proporcional à magnitude do campo aplicado.

Nos compostos de coordenação, o paramagnetismo ocorre em virtude da presença de elétrons desemparelhados, sendo, por isso, muitas vezes denominados *magnetos naturais*.

A Figura 5.12 contém um esquema representativo dos comportamentos magnéticos de espécies diamagnéticas e paramagnéticas.

Figura 5.12 – Representação dos comportamentos paramagnéticos e diamagnéticos nos compostos de coordenação

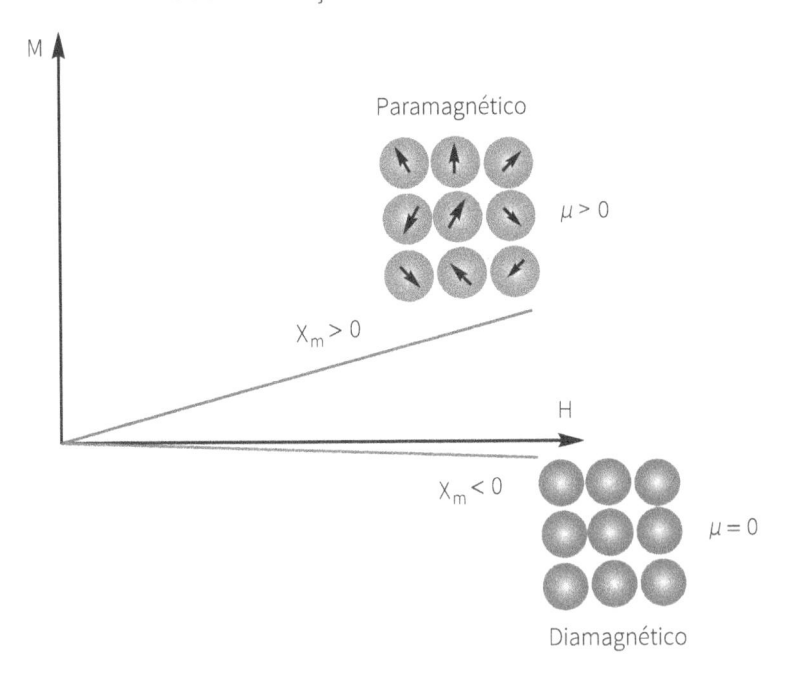

Voltemos ao exemplo do complexo de Co^{3+} (d^6) discutido anteriormente. Verificamos que o complexo pode apresentar uma configuração de *spin* alto $t_{2g}^4 e_g^2$, em que $\mu_{so} = 4{,}90\ \mu_B$, pois $S = 2$, bem como uma configuração de *spin* baixo t_{2g}^6, em que $\mu_{so} = 0$, pois $S = 0$. Dessa forma, podemos agora identificar os comportamentos magnéticos de cada configuração. No composto de *spin* baixo, todos os elétrons estão emparelhados, apresentando, por isso, um momento magnético nulo. Esse fato caracteriza um comportamento diamagnético. Por outro lado, o mesmo composto, com uma configuração de *spin* alto com quatro elétrons desemparelhados, apresenta um momento magnético de *spin* de $\mu_{so} = 4,90\ \mu_B$ e, consequentemente, um comportamento paramagnético. Desse modo, é possível afirmar que μ_{so} fornece o número de elétrons desemparelhados de uma espécie paramagnética.

Os valores do momento magnético de *spin* são determinados experimentalmente pelas medidas de susceptibilidade magnética (χ), que, por sua vez, estão relacionadas à magnetização (M) do campo aplicado (H), como indicado a seguir.

Equação 5.6

$$\chi = \frac{M}{H}$$

Assim, M é a magnetização ou momento magnético total da amostra e H é a força do campo magnético externo aplicado. Geralmente, por conveniência, a susceptibilidade magnética (χ) é expressa em termos de massa molar χ_m.

Nos compostos paramagnéticos, à medida que os dipolos se alinham ao campo, a magnitude do campo aumenta, apresentando um valor de susceptibilidade magnética (χ_m) relativamente pequena, da ordem de 10^{-2}. Assim que o campo é removido, retorna-se ao estado inicial.

Os compostos que exibem ferromagnetismo têm magnitude muito alta, apresentando χ_m da ordem de 10^6. Assim como os compostos paramagnéticos, ocorre o alinhamento na direção do campo magnético aplicado, porém os dipolos permanecem alinhados mesmo após a remoção do campo externo. Esse comportamento é típico dos metais Fe, Co e Ni.

Medidas de susceptibilidade magnética (χ) realizadas em diferentes temperaturas indicam que, para compostos diamagnéticos, a temperatura não exerce nenhuma influência; contudo, para compostos paramagnéticos, a susceptibilidade magnética (χ) varia com o inverso da temperatura, segundo a Equação 5.7, desenvolvida por Pierre Curie.

Equação 5.7

$$\chi_m = \frac{C}{T}$$

Essa relação é conhecida como *lei de Curie*, na qual C representa a constante de Curie, que está relacionada ao momento magnético conforme a Equação 5.8.

Equação 5.8

$$C = \frac{N\mu^2}{3k}$$

Nesse caso, N representa o número de Avogadro e k refere-se à constante de Boltzmann. A variação da susceptibilidade magnética com o inverso da temperatura está relacionada à agitação térmica caótica, que tende a desalinhar as orientações dos *spins*, induzida pelo campo magnético.

Experimentalmente, o momento magnético está relacionado à susceptibilidade magnética (χ) por meio do rearranjo das Equações 5.7 e 5.8 (Equação 5.9).

Equação 5.9

$$\mu = \sqrt{\frac{3k}{N}} \cdot \sqrt{\chi T} = 2,84\sqrt{\chi T}$$

Algumas espécies contendo íons Fe, Co e Ni podem sofrer alterações em seus momentos magnéticos de *spin* com o aumento da temperatura, o que leva à alteração de um composto de *spin* baixo para um de *spin* alto. Esse fenômeno é chamado de *spin crossover* e permite inúmeras aplicações tecnológicas para armazenamento de dados, termocromismo, entre outras (Ludwig et al., 2014).

A boa concordância das medidas de susceptibilidade magnética para os metais de transição da primeira série indica que realmente não há contribuição relevante do momento magnético orbital μ_L. Ainda assim, algumas variações podem refletir uma contribuição do μ_L ou acoplamento *spin*-órbita, que pode ser o caso do complexo, $[Fe(CN)_6]^{3-}$. Nesse complexo, o íon Fe^{3+} (d^5) apresenta um valor experimental de $\mu_{so}= 2,3\ \mu_B$, que difere bastante dos valores de $\mu_{so}= 1,73\ \mu_B$ para um elétron desemparelhado e $\mu_{so}= 5,92\ \mu_B$ para cinco elétrons desemparelhados.

A contribuição μ_L sugere que pode ocorrer uma possível movimentação dos elétrons com *spins* paralelos em orbitais vazios de mesma energia ou de mesma simetria. Dessa forma, os elétrons podem utilizar os orbitais disponíveis para circular em torno do íon metálico, gerando um momento angular orbital e uma contribuição ao momento magnético total. Assim, notamos a possibilidade de circulação para os íons d^1 (t_{2g}^1), d^2 (t_{2g}^2), d^6 ($t_{2g}^4 e_g^2$) e d^7 ($t_{2g}^5 e_g^2$). Os íons d^3, d^4 (*spin* alto), d^5 (*spin* alto), d^8 e d^9 tendem a seguir o comportamento *spin-only*. Os maiores desvios são observados para os íons d^5(*spin* baixo), $3d^6$ e $3d^7$ (*spin* alto).

Síntese química

A **teoria do campo cristalino (TCC)** baseia-se na interação de caráter puramente eletrostático da ligação metal-ligante.

As propriedades dos compostos de coordenação podem ser justificadas pelo efeito de **desdobramento dos orbitais d** em níveis de energia diferentes, formando os **orbitais degenerados t_{2g} e e_g**. A diferença de energia entre esses orbitais pode ser expressa pelo **parâmetro Δ_0**, ou seja, a magnitude de Δ_0 determina as propriedades espectroscópicas e magnéticas dos compostos de coordenação.

De acordo com o parâmetro Δ_0, é possível calcular os valores da **energia de estabilização de campo cristalino (EECC)** e determinar a força do campo, que pode ser dividida em forte e fraca. Compostos de coordenação com ligantes de **campo forte** favorecem uma configuração de *spin* **baixo**, enquanto os de **campo fraco** favorecem uma configuração de *spin* **alto**.

Os principais fatores que determinam a força do campo cristalino são a **natureza dos ligantes**, a **natureza dos metais** e o **estado de oxidação dos metais**.

A presença de elétrons desemparelhados determina as propriedades magnéticas dos compostos, que, por sua vez, permitem determinar os estados de *spin* (*spin* alto ou baixo) e o tipo de magnetismo presente (**diamagnético** ou **paramagnético**).

Prática laboratorial

1. De acordo com a estrutura do complexo [CoF$_6$]$^{4-}$, identifique como verdadeiras (V) ou falsas (F) as seguintes afirmações:
   ( ) A única configuração possível é t_{2g}^6.
   ( ) O complexo apresenta configuração eletrônica [Ar] 3d^6.
   ( ) O complexo apresenta μ_{so} = 4,90 μ_B.
   ( ) O complexo apresenta configuração eletrônica $t_{2g}^4 e_g^2$.
   ( ) O complexo é de spin alto e diamagnético.

   Agora, assinale a alternativa que corresponde à sequência obtida:

   a) V, F, V, V, F.
   b) V, V, F, F, V.
   c) F, V, V, V, F.
   d) F, F, V, V, V.
   e) V, V, V, F, F.

2. Analise as afirmações abaixo sobre a teoria do campo cristalino (TCC):
   I. A TCC está baseada na interação de caráter puramente eletrostático da ligação metal-ligante.
   II. Ligantes que se encontram ao final da série espectroquímica favorecem o emparelhamento dos elétrons, ou seja, apresentam estado de spin alto.
   III. O complexo [Co(NH$_3$)$_6$]$^{3+}$ 3d^6 apresenta um campo cristalino consideravelmente forte, logo apresenta a configuração de spin baixo t_{2g}^6, com EECC = –0,4 × 6 = –2,4Δ_0.

IV. Os complexos [Fe(H_2O)$_6$]$^{2+}$ e [Zn(H_2O)$_6$]$^{2+}$ são estabilizados pelo campo cristalino octaédrico.

V. O complexo [Fe(CN)$_6$]$^{3-}$ 3d^5 apresenta um campo cristalino forte, logo a configuração mais estável é a de *spin* baixo t_{2g}^5, com, EECC = −0,4 × 5 = −2,0Δ_O.

Está correto apenas o que se afirma em:

a) I e II.
b) II, III e IV.
c) I, III e V.
d) II e V.
e) I e IV.

3. Considerando o valor de momento magnético de μ_{so} = 6,06 μ_B do complexo [Mn(NCS)$_6$]$^{4-}$, identifique como verdadeiras (V) ou falsas (F) as seguintes afirmações:

O complexo não pode ser de *spin* baixo, pois a configuração t_{2g}^5 com um elétron desemparelhado leva a um valor calculado de μ_{so} = 1,73 μ_B.

( ) O complexo apresenta configuração eletrônica [Ar] 3d^6.

( ) O complexo é de *spin* alto e paramagnético.

O complexo apresenta configuração eletrônica $t_{2g}^3 e_g^2$ com cinco elétrons desemparelhados e leva a um valor calculado de μ_{so} = 5,92 μ_B.

( ) O complexo é de *spin* alto e diamagnético.

Agora, assinale a alternativa que corresponde à sequência obtida:

a) V, F, V, V, F.
b) V, V, F, F, V.
c) F, V, V, V, F.

d) F, F, V, V, V.
e) V, V, V, F, F.

4. De acordo com a estrutura do complexo [Fe(NO$_2$)$_6$]$^{3-}$, identifique como verdadeiras (V) ou falsas (F) as seguintes afirmações:

   ( ) O complexo de Fe^{3+} 3d^5 com o ligante de campo forte NO$_2^-$ forma compostos de *spin* baixo, logo a configuração será t_{2g}^5.

   ( ) O composto de Fe^{3+} 3d^5 apresenta apenas um elétron desemparelhado e um valor de EECC = −4 *Dq* x 5 = 20 *Dq*.

   ( ) O complexo é de *spin* alto e paramagnético. O complexo apresenta configuração eletrônica $t_{2g}^3 e_g^2$ com cinco elétrons desemparelhados e leva a um valor calculado de μ_{so} = 5,92 μ_B.

   ( ) O complexo é de *spin* alto e apresenta um valor de EECC = −4 *Dq* x 3 + 6 *Dq* x 2 = 0 *Dq*.

   Agora, assinale a alternativa que corresponde à sequência obtida:
   a) V, F, V, V, F.
   b) V, V, F, F, F.
   c) F, V, V, V, F.
   d) F, F, V, V, V.
   e) V, V, V, F, F.

5. Assinale a alternativa correta:
   a) Os complexos [V(H$_2$O)$_6$]$^{2+}$ e [Ni(H$_2$O)$_6$]$^{2+}$ apresentam os maiores valores de energia de hidratação, pois apresentam os maiores valores de raio iônico.
   b) Quanto mais forte for o campo cristalino, maior será o número de elétrons desemparelhados.

c) Compostos diamagnéticos são atraídos por um campo magnético externo e há um desemparelhamento dos elétrons.
d) Metais com configuração $4d^n$ apresentam campo cristalino mais fraco do que metais com configuração $3d^n$.
e) A magnitude de Δ_O pode ser influenciada pela natureza do ligante, dos metais e do estado de oxidação do metal.

Análises químicas
Estudos de interações

1. Utilizando o modelo da TCC, construa diagramas de energia para os íons a seguir.
    a) $[Fe(bipy)_3]^{2+}$ *spin* baixo.
    b) $[Fe(NH_3)_6]^{2+}$ spin alto.
2. As soluções dos complexos $[Ni(en)_3]^{2+}$, $[Ni(NH_3)_6]^{2+}$ e $[Ni(H_2O)_6]^{2+}$ são coloridas. Uma é violeta; outra, azul; e a terceira, verde. Considerando a série espectroquímica e as magnitudes de Δ_O, correlacione cada cor ao respectivo complexo.

Sob o microscópio

1. Elabore um relatório científico com base no experimento descrito a seguir.

    A escrita de um relatório de experimentos de laboratório é uma das primeiras experiências de divulgação científica, por isso se deve buscar utilizar uma linguagem formal e imparcial, bem como expor discussões baseadas em evidências e no uso de referências confiáveis sobre o assunto abordado.

Utilize como material complementar para a construção do relatório o seguinte artigo disponível na internet:

- OLIVEIRA, J. R. S. de; BATISTA, A. A.; QUEIROZ, S. L. Escrita científica de alunos de graduação em química: análise de relatórios de laboratório. **Química Nova**, São Paulo, v. 33, n. 9, p. 1980-1986, 2010. Disponível em: <https://quimicanova.sbq.org.br/detalhe_artigo.asp?id=5799>. Acesso em: 18 maio 2020.

O relatório deve ser dividido em seis partes:

a) **Capa** – A capa deve apresentar o nome da instituição, o título do experimento (correlação entre as cores de complexos em solução, a espectroscopia e a teoria do campo cristalino – TCC), o nome do aluno e da disciplina.

b) **Introdução** – A introdução deve apresentar uma contextualização do experimento e aspectos teóricos da TCC e da espectroscopia eletrônica de absorção na região do UV-Visível. Busque referências neste livro, assim como em outros livros da área, artigos científicos etc. Deve ser indicado também o objetivo do experimento.

c) **Procedimento experimental** – O experimento foi dividido em duas etapas:

- 1ª etapa:
  Para o ensaio da natureza do íon metálico, utilizaram-se soluções aquosas dos íons metálicos divalentes da primeira série de transição $[Co(H_2O)_6]^{2+}$, $[Ni(H_2O)_6]^{2+}$, $[Cu(H_2O)_6]^{2+}$ e $[Zn(H_2O)_6]^{2+}$.

Inicialmente, adicionou-se 1 mL de cada solução em tubos de ensaio separadamente. Em seguida, registrou-se o espectro eletrônico em um espectrofotômetro UV-Visível (faixa de 300 a 800 nm) para cada solução e anotou-se o comprimento de onda referente às bandas observadas.

Com base na observação da solução e do espectro eletrônico registrado, preencheu-se uma tabela com a cor observada (transmitida), a cor complementar (absorvida) e o comprimento de onda registrado.

- 2ª etapa:

  Para o ensaio da natureza dos ligantes, partiu-se de uma solução aquosa de $[Ni(H_2O)_6]^{2+}$. Foram numerados três tubos de ensaio. No tubo número 1, adicionaram-se 1 mL da solução aquosa de $[Ni(H_2O)_6]^{2+}$. No tubo número 2, adicionaram-se 1 mL da solução aquosa de $[Ni(H_2O)_6]^{2+}$ e 1 mL de uma solução de NH_4OH. No tubo número 3, adicionaram-se 1 mL da solução aquosa de $[Ni(H_2O)_6]^{2+}$ e 1 mL de uma solução de etilenodiamina. Em seguida, registrou-se o espectro eletrônico em um espectrofotômetro UV-Visível (faixa de 300 a 800 nm) para cada solução e anotaram-se a cor da solução e o comprimento de onda referente às bandas observadas.

d) **Resultados e discussão** – Apresente os resultados do experimento em tabelas com as legendas explicativas e a descrição dos resultados. Em seguida, apresente uma discussão com a interpretação dos resultados com base na TCC. Para isso, construa os possíveis diagramas de desdobramento de energia do campo cristalino dos orbitais *d* para cada um dos compostos. Descreva se os resultados de cada ensaio estão de acordo com a teoria, no que tange à influência da natureza dos íons metálicos e dos ligantes. Discuta se os ligantes estão de acordo com a série espectroquímica, compare a cor de cada composto e o comprimento de onda com a tendência de Δ_0.

Tabela 1

	Cor observada (transmitida)	Cor complementar (absorvida)	Comprimento de onda (λ/nm)
$[Co(H_2O)_6]^{2+}$	rosa	verde	500
$[Ni(H_2O)_6]^{2+}$	verde	vermelho	720
$[Cu(H_2O)_6]^{2+}$	azul	laranja	~800
$[Zn(H_2O)_6]^{2+}$	incolor	incolor	–

Tabela 2

	Cor observada (transmitida)	Comprimento de onda (λ/nm)
$[Ni(H_2O)_6]^{2+}$	verde	720
$[Ni(NH_3)_6]^{2+}$	azul	610
$[Ni(en)_3]^{2+}$	violeta	550

e) **Conclusão** – Apresente as principais conclusões do experimento de maneira objetiva.

f) **Referências bibliográficas** – As referências bibliográficas devem ser apresentadas em ordem alfabética, como nos exemplos a seguir:

☐ OLIVEIRA, J. R. S. de; BATISTA, A. A.; QUEIROZ, S. L. Escrita científica de alunos de graduação em química: análise de relatórios de laboratório. **Química Nova**, São Paulo, v. 33, n. 9, p. 1980-1986, 2010.

☐ SHRIVER, D. F.; ATKINS, P. **Química inorgânica**. 4. ed. Porto Alegre: Bookman, 2008.

Capítulo 6

Teoria do campo cristalino – Parte II

Vannia Cristina dos Santos Durndell

Início do experimento

No capítulo anterior, observamos como a quebra de simetria de esférica para octaédrica promove a quebra de degenerescência, que, por sua vez, resulta em uma estabilização adicional pelo abaixamento de energia dos orbitais t_{2g}. De fato, muitos compostos de coordenação apresentam a simetria octaédrica O_h. No entanto, como discutimos no Capítulo 2, muitos compostos de coordenação formam estruturas octaédricas distorcidas, o que leva a uma quebra de simetria O_h para D_{4h}. Do mesmo modo, a quebra de simetria leva a uma quebra de degenerescência pelo desdobramento de energia dos orbitais t_{2g} e e_g; como consequência, espera-se uma estabilização adicional.

Assim, neste capítulo, trataremos dos conceitos da teoria do campo cristalino (TCC) aplicados às simetrias D_{4h} e T_d. Relacionaremos essas simetrias com a octaédrica O_h, a fim de esclarecermos o efeito do desdobramento dos orbitais para promover uma estabilização adicional pela quebra de simetria.

6.1 Desdobramento tetragonal do campo octaédrico

O arranjo espacial de um composto de coordenação, assim como de qualquer outro composto, está diretamente relacionado à distribuição dos pares de elétrons em posições o mais distantes possível umas das outras. Esse comportamento tem o objetivo de evitar a repulsão entre os elétrons dos ligantes com os elétrons do íon metálico central. Além disso, nos compostos de coordenação, o arranjo espacial também pode ser afetado pela maneira como os elétrons são distribuídos nos orbitais d, a qual pode ser simétrica ou assimétrica.

Como analisamos anteriormente, em um arranjo octaédrico os efeitos de repulsão dos ligantes promovem a formação de orbitais com dois níveis de energia diferentes t_{2g} e e_g. Se preenchermos os elétrons nos orbitais de maneira simétrica, a repulsão será sentida por igual entre os seis ligantes e o arranjo será composto por um octaedro perfeito. Seguindo esse raciocínio, um preenchimento assimétrico ou desigual pode promover uma distorção da estrutura, pois os ligantes experimentariam forças de repulsão desiguais.

No capítulo anterior, vimos que os orbitais e_g estão posicionados nos eixos onde se encontram os ligantes. Como resultado, alguns ligantes podem sofrer uma repulsão maior do que os outros no caso de um preenchimento assimétrico. Esse comportamento pode causar uma distorção consideravelmente significante do arranjo octaédrico. O preenchimento assimétrico também tem potencial de causar um efeito nos orbitais t_{2g}, porém, esse efeito é pequeno e dificilmente notado. Na Tabela 6.1 são apresentadas as distribuições simétricas e assimétricas dos elétrons nos orbitais d.

Quadro 6.1 – Preenchimentos simétricos e assimétricos dos elétrons nos orbitais d

d^n	Spin alto / Campo fraco			Spin baixo / Campo forte		
	Distribuição eletrônica t_{2g}	e_g	Exemplos	Distribuição eletrônica t_{2g}	e_g	Exemplos
d^1	↑			↑		
d^2	↑ ↑			↑ ↑		
d^3	↑ ↑ ↑		Cr^{3+}	↑ ↑ ↑		Cr^{3+}
d^4	↑ ↑ ↑	↑	Cr^{2+}, Mn^{3+}	↑↓ ↑ ↑		
d^5	↑ ↑ ↑	↑ ↑	Mn^{2+}, Fe^{3+}	↑↓ ↑↓ ↑		
d^6	↑↓ ↑ ↑	↑ ↑		↑↓ ↑↓ ↑↓		Fe^{2+}, Co^{3+}
d^7	↑↓ ↑↓ ↑	↑ ↑		↑↓ ↑↓ ↑↓	↑	Co^{2+}, Ni^{3+}
d^8	↑↓ ↑↓ ↑↓	↑ ↑	Ni^{2+}	↑↓ ↑↓ ↑↓	↑ ↑	
d^9	↑↓ ↑↓ ↑↓	↑↓ ↑	Cu^{2+}	↑↓ ↑↓ ↑↓	↑↓ ↑	Cu^{2+}
d^{10}	↑↓ ↑↓ ↑↓	↑↓ ↑↓	Zn^{2+}	↑↓ ↑↓ ↑↓	↑↓ ↑↓	Zn^{2+}

Dessa forma, a distorção de uma estrutura octaédrica ao longo do eixo z promove a formação de uma geometria tetragonal. O que define se esse comportamento vai acontecer é a adição de estabilidade, pelo abaixamento de energia dos orbitais.

Assim como a remoção da degenerescência dos orbitais d no octaedro resulta na estabilização de campo cristalino, uma distorção que remova adicionalmente essa degenerescência pode resultar em uma estabilização adicional. Observe o diagrama de desdobramento de campo cristalino apresentado na Figura 6.1. A distorção de uma estrutura octaédrica pode se dar pelo alongamento ou ainda pelo achatamento do eixo z, sendo D_{4h} a simetria resultante.

A distorção tetragonal ao longo do eixo z promove uma alteração na repulsão dos elétrons dos ligantes posicionados nele com os elétrons do íon metálico central, levando, consequentemente, a uma alteração nos níveis de energia dos orbitais que contêm a componente z.

Suponha que, em um composto octaédrico, os ligantes posicionados no eixo z estejam mais distantes do centro metálico. Nesse caso, a estrutura resultante será um octaedro alongado ou um tetragonal alongado, e os orbitais sofrerão um desdobramento de energia, tal como representado à direita no diagrama da Figura 6.1. Como resultado desse alongamento, o orbital d_{z^2} experimentará um efeito de repulsão menor e, assim, haverá uma redução no nível de energia.

Contudo, da mesma forma que ocorre no desdobramento dos cinco orbitais d no sistema octaédrico, a regra do centro de energia ou baricentro deve ser obedecida para que a energia total do sistema esteja balanceada. O centro de energia corresponde ao nível de energia dos orbitais e_g. Desse modo, o orbital $d_{x^2-y^2}$ apresentará um aumento de energia (+1/2β) de mesma magnitude da redução de energia que o orbital d_{z^2} (−1/2β). Os orbitais d_{xz} e d_{yz} também apresentarão um efeito de repulsão menor, pois contêm uma componente geométrica em z. Como consequência, os orbitais d_{xz} e d_{yz} terão uma redução no nível de energia, o que significa que o orbital d_{xy} apresentará um aumento de energia para balancear a energia do sistema, em que os orbitais t_{2g} representam o centro de energia. Os orbitais d_{xz} e d_{yz} apresentarão uma redução de energia de magnitude −1/3β e o orbital d_{xy} terá um aumento de energia de +2/3β de magnitude.

Figura 6.1 – Efeito da distorção tetragonal (compressão e alongamento ao longo do eixo z) sobre as energias dos orbitais d

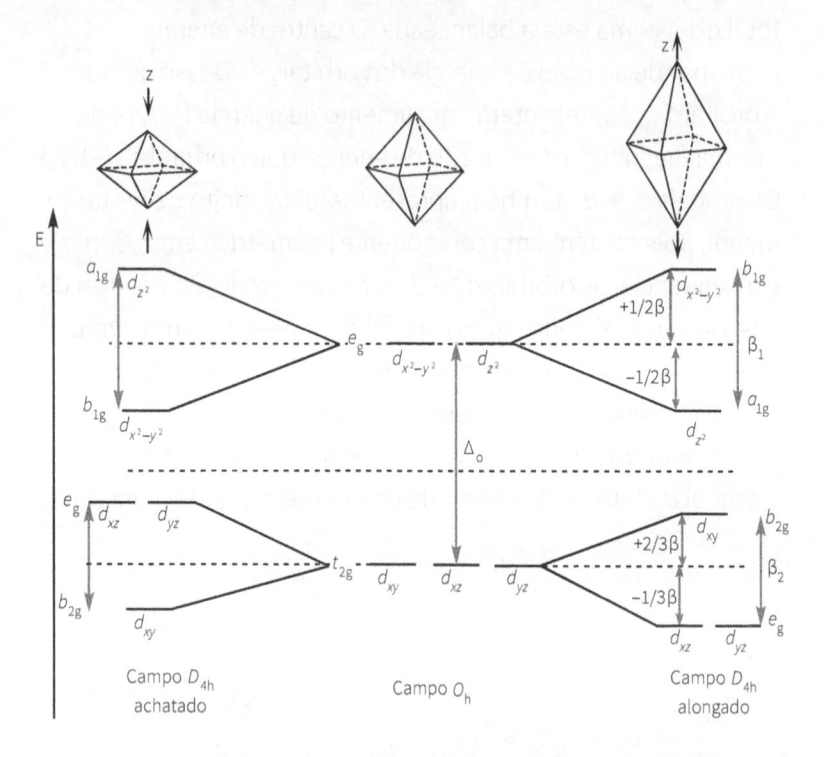

[Figura: diagrama de níveis de energia mostrando desdobramento dos orbitais d em três campos: Campo D_{4h} achatado (à esquerda), Campo O_h (centro) e Campo D_{4h} alongado (à direita).

Campo D_{4h} achatado: a_{1g} (d_{z^2}) acima, b_{1g} ($d_{x^2-y^2}$) abaixo; e_g (d_{xz}, d_{yz}) acima e b_{2g} (d_{xy}) abaixo.

Campo O_h: e_g ($d_{x^2-y^2}$, d_{z^2}) e t_{2g} (d_{xy}, d_{xz}, d_{yz}), separados por Δ_o.

Campo D_{4h} alongado: b_{1g} ($d_{x^2-y^2}$) com $+1/2\beta$ e a_{1g} (d_{z^2}) com $-1/2\beta$, separação β_1; b_{2g} (d_{xy}) com $+2/3\beta$ e e_g (d_{xz}, d_{yz}) com $-1/3\beta$, separação β_2.]

Seguindo o mesmo raciocínio, para o caso de uma distorção por compressão do eixo z (Figura 6.1, à esquerda), os orbitais que contêm o componente z sofrerão um efeito de repulsão mais pronunciado e, consequentemente, a energia dos orbitais d_{z^2}, d_{xz} e d_{yz} aumentará. Essa perturbação provocada pelo campo deve ser compensada pelos orbitais $d_{x^2-y^2}$ e d_{xy}, que diminuirão na mesma magnitude, de modo a preservar o centro de energia ou baricentro. De fato, os orbitais que não apresentam a componente z (d_{xz} e $d_{x^2-y^2}$) também sentem um efeito de repulsão maior ou menor, quando os ligantes posicionados em z se distanciam ou se aproximam. Desse modo, observam-se um aumento de energia no caso de distorção por alongamento e uma redução de energia no caso de distorção por achatamento.

Os orbitais de maior energia $d_{x^2-y^2}$ e d_{z^2} podem ser denominados b_{1g} e a_{1g} respectivamente; já os orbitais de menor energia como o grupo d_{xz} e d_{yz} podem ser chamados de e_g, enquanto os orbitais d_{xy} podem ser denominados de b_{2g}. Esses termos têm origem na simetria dos orbitais do grupo de ponto D_{4h}, assim como no caso dos orbitais de simetria O_h.

Em termos de energia de estabilização do campo cristalino (EECC), ela pode ser calculada como a diferença de energia alcançada pela distorção de O_h para D_{4h}:

$$\Delta_E (O_h \rightarrow D_{4h}) = [(-1/3\beta + (2/3\beta)] + [(-1/2\beta) + 1/2\beta)] =$$
$$= (-0{,}3\beta + 0{,}6\beta) + (-0{,}5\beta + 0{,}5\beta)$$

Veja o exemplo de um complexo de Cu^{2+} que apresenta uma configuração d^9:

$$\Delta_E = [(-0{,}3\beta \cdot 4) + (0{,}6\beta \cdot 2)] + [(-0{,}5\beta \cdot 2) + (0{,}5\beta \cdot 1)] = -0{,}5\beta$$

Esse resultado de $\Delta_E (O_h \rightarrow D_{4h}) = -0,5\beta$ evidencia o ganho de estabilidade na distorção de uma estrutura octaédrica para tetragonal. Na Tabela 6.1 são apresentados os possíveis valores de EECC em *spin* alto e baixo e a força das distorções. Esses resultados são estimativas das possíveis configurações, pois não podemos prever com exatidão se os níveis de energia correspondem às distorções por alongamento ou achatamento.

Tabela 6.1 – Efeitos da distorção tetragonal para compostos octaédricos na EECC

d^n	Campo fraco/*Spin* alto			Campo forte/*Spin* baixo		
	Configuração	EECC	Distorção	Configuração	EECC	Distorção
d^1	t_{2g}^1	$0,33\beta_2$	Fraca ↕	t_{2g}^1	$0,33_2$	Fraca
d^2	t_{2g}^2	$0,67_2$	Fraca ↓	t_{2g}^2	$0,67_2$	Fraca
d^3	t_{2g}^3	0	–	t_{2g}^3	0	–
d^4	$t_{2g}^3 e_g^1$	$0,5\beta_1$	Forte ↕	t_{2g}^4	$0,67\beta_2 + P$	Fraca ↓
d^5	$t_{2g}^3 e_g^2$	0	–	t_{2g}^5	$2,31\beta_2 + 2P$	Fraca ↕
d^6	$t_{2g}^4 e_g^2$	$0,33\beta_2$	Fraca	t_{2g}^6	0	–
d^7	$t_{2g}^5 e_g^2$	$0,67\beta_2$	Fraca	$t_{2g}^6 e_g^1$	$0,5\beta_1$	Forte
d^8	$t_{2g}^6 e_g^2$	0	–	$t_{2g}^6 e_g^2$	0	–
d^9	$t_{2g}^6 e_g^3$	$0,5\beta_1$	Forte ↕	$t_{2g}^6 e_g^3$	$0,5\beta_1$	Forte ↕
d^{10}	$t_{2g}^6 e_g^4$	0	–	$t_{2g}^6 e_g^4$	0	–

↕ = alongamento e ↓ = achatamento.

De maneira geral, as distorções de geometria vão ocorrer sempre que o desdobramento de energia resultante produzir uma estabilização adicional. Essas distorções são manifestações do efeito Jahn-Teller, discutido a seguir.

6.2 Efeito Jahn-Teller

Distorções tetragonais a partir de campos cristalinos O_h podem ocorrer mesmo quando todos os seis ligantes são iguais e são favorecidas em algumas condições descritas pelo teorema de Jahn-Teller.

Em 1937, os cientistas Hermann Arthur Jahn e Edward Teller publicaram seus estudos com base em argumentos de simetria para demonstrar que estados degenerados de energia podem ser instáveis. O teorema de Jahn-Teller estabelece que qualquer molécula não linear com uma configuração eletrônica com orbitais degenerados e desigualmente preenchidos será instável, de modo que ocorrerá uma distorção para formar uma estrutura de menor simetria, removendo a degenerescência e alcançando, assim, a estabilização pelo abaixamento de energia (Jahn; Teller, 1937; Jahn, 1938).

De acordo com o teorema de Jahn-Teller, um composto octaédrico com configuração d^1 deve apresentar uma distorção por achatamento, levando a uma simetria D_{4h}, com o elétron preenchendo o orbital b_{2g}, conforme expresso na Figura 6.2. Nesse caso, se considerássemos a distorção por alongamento, o elétron seria adicionado nos orbitais degenerados e_g (d_{xz} e d_{yz}) e um novo desdobramento de energia seria esperado, o que levaria a um comportamento similar ao anterior. Assim, a distorção mais estável para d^1 é por achatamento. Essa mesma ideia pode ser estendida para a configuração d^6 (*spin* alto).

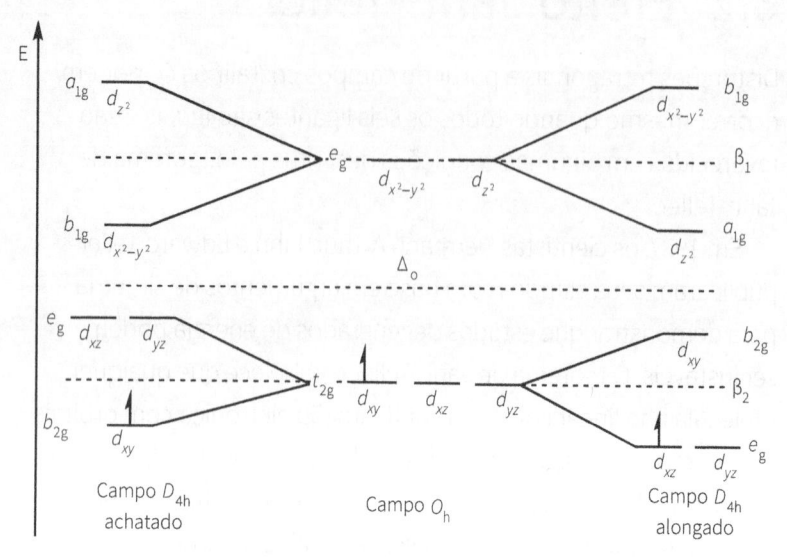

Figura 6.2 – Efeito Jahn-Teller fraco para a configuração d^1

Note que, no diagrama de desdobramento cristalino para a configuração d^6 (*spin* alto), apresentado na Figura 6.3, a adição dos elétrons para os orbitais da estrutura alongada também leva a uma distribuição eletrônica desigual no orbital degenerado e_g (d_{xz} e d_{yz}). Por isso, assim como na configuração d^1, a distorção por achatamento é a distorção mais estável.

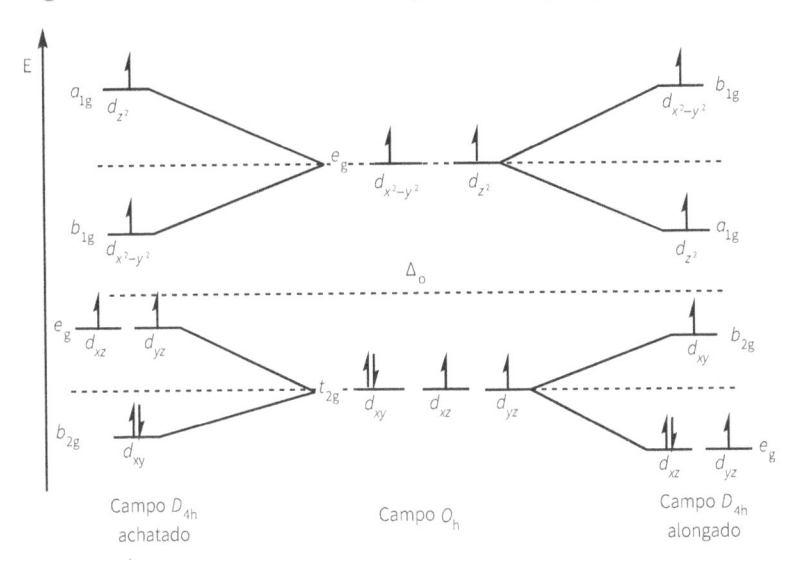

Figura 6.3 – Efeito Jahn-Teller fraco para a configuração d^6 (spin alto)

No caso de uma configuração d^3 (Figura 6.4), observe que não haverá nenhum ganho de energia com a distorção, seja ela alongada, seja achatada, pois os elétrons estão igualmente distribuídos nos orbitais. Nesse caso, o arranjo cristalino O_h é o mais estável. Esse comportamento também pode ser encontrado para a configuração d^8 e para a d^5 (spin alto).

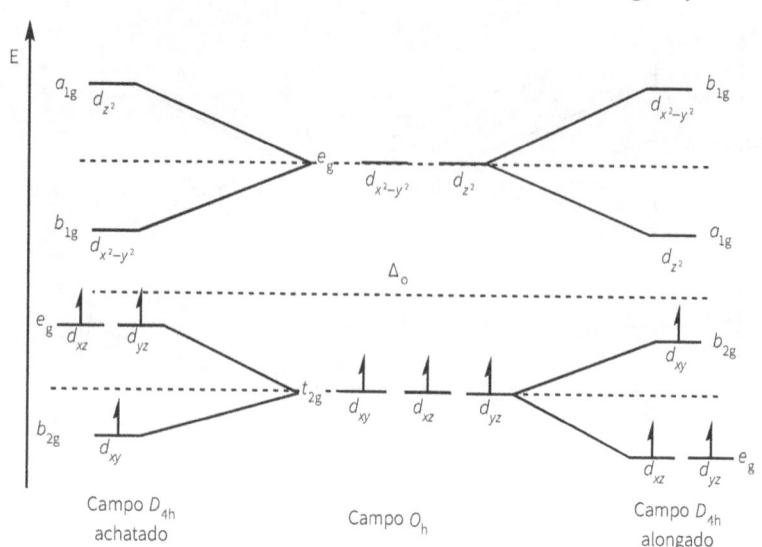

Figura 6.4 – Ausência do efeito Jahn-Teller para a configuração d^3

[Diagrama de desdobramento de orbitais d nos campos D_{4h} achatado, O_h e D_{4h} alongado]

Para as configurações d^4 (*spin* alto) e d^9, as distorções serão mais pronunciadas, pois os orbitais que sofreram o desdobramento de energia foram e_g ($d_{x^2-y^2}$ e d_{z^2}), aqueles que apontam diretamente para os ligantes nas direções dos eixos x, y e z, conforme mencionado anteriormente. Os efeitos de repulsão nesses orbitais são mais intensos em comparação aos orbitais t_{2g}; assim, o efeito Jahn-Teller será mais intenso.

De fato, o complexo $[CrF_6]^{4-}$ em sua forma cristalina apresenta uma estrutura octaédrica distorcida, em que quatro ligações Cr-F apresentam distâncias de 1,98 a 2,01 Å e duas são mais longas, com distância de 2,43 Å. Nesse complexo, o íon metálico Cr^{2+} apresenta uma configuração d^4 em campo fraco, pois os ligantes F^- são considerados de campo fraco de acordo com a série espectroquímica. Dessa forma, a configuração eletrônica será de *spin* alto $t_{2g}^3 e_g^1$. A presença de apenas um elétron no orbital e_g leva a uma desestabilização e, como consequência, haverá um desdobramento de energia. Assim, esse elétron passará a ocupar o orbital a_{1g} (d_{z^2}) de menor energia para alcançar a estabilização. O mesmo comportamento é encontrado em compostos de coordenação de hexacoordenados com íons Mn^{3+} com configuração eletrônica d^4 *spin* alto.

Figura 6.5 – Efeito Jahn-Teller forte para a configuração d^4

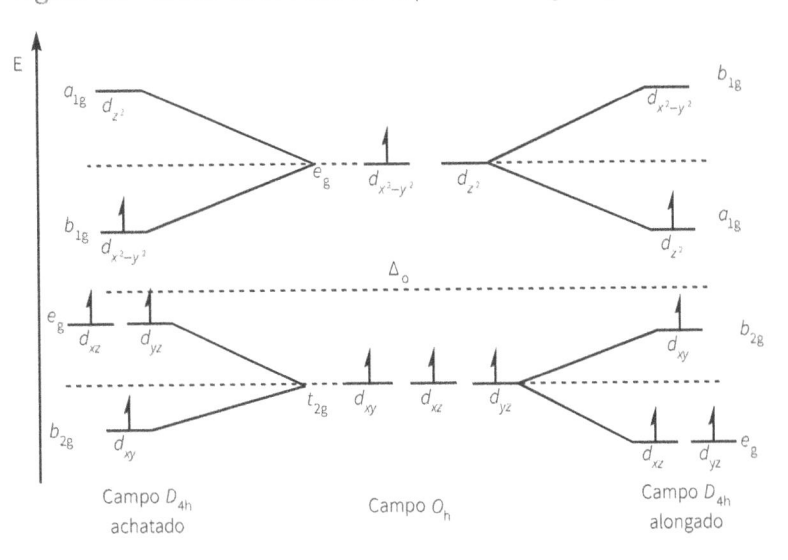

Os complexos hexacoordenados de íons Cu^{2+} são, sem dúvida, os que mais comumente apresentam o efeito Jahn-Teller mais pronunciado (Halcrow, 2013). Um complexo de íon Cu^{2+} apresenta configuração eletrônica d^9 ($t_{2g}^6 e_g^3$); dessa forma, o orbital e_g sofrerá um desdobramento, dois elétrons vão ocupar o orbital de menor energia a_{1g} (d_{z^2}), um elétron ocupará o orbital de maior energia b_{2g} ($d_{x^2-y^2}$) e a estabilização será alcançada (Figura 6.6).

Figura 6.6 – Efeito Jahn-Teller forte para a configuração d^9

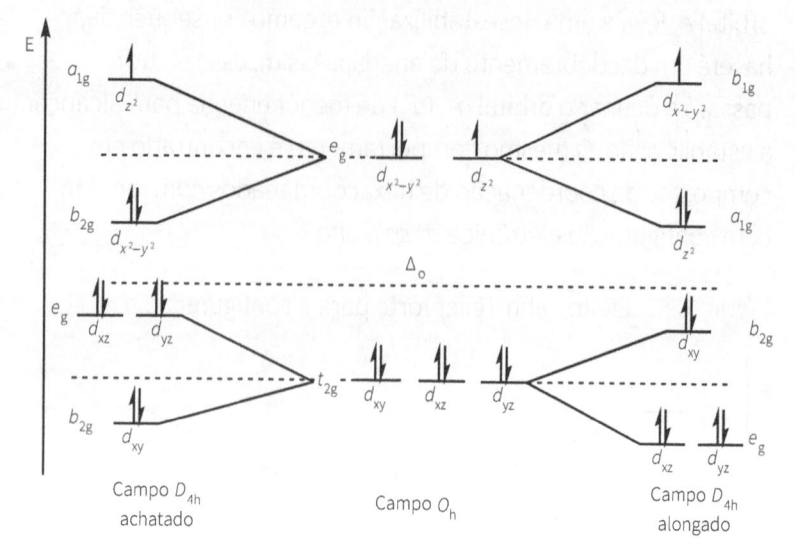

Assim como para as configurações d^4 (*spin* alto) e d^9, a configuração d^7 (*spin* baixo) também apresenta o efeito Jahn-Teller pronunciado, pela presença de um elétron nos orbitais degenerados e_g. Para essas configurações, a distorção tetragonal vai ocorrer, mas não há como prever se a distorção será por alongamento ou achatamento. Contudo, resultados experimentais indicam que a distorção por alongamento é a mais comum (Halcrow, 2013; Kim et al., 2015).

Para as configurações d^5 e d^{10}, as distorções Jahn-Teller não podem ser justificadas, de acordo com argumentos de simetria.

6.3 Compostos de coordenação quadráticos planos

Compostos de coordenação com estrutura quadrática plana são favorecidos em metais com configuração eletrônica d^8 na presença de ligantes de campo forte, como $[Ni(CN)_4]^{2-}$. Na Figura 6.7 consta um diagrama de desdobramento de campo cristalino a partir de O_h até D_{4h} planar para a configuração d^8. Assim, a geometria quadrática plana se caracteriza como uma derivação do alongamento progressivo do eixo z de um composto octaédrico, até a remoção completa dos ligantes nas posições axiais. A Figura 6.7 permite observar como a perda de dois ligantes pode ser favorecida pela estabilização adicional proporcionada pela redução de energia dos orbitais a_{1g} (d_{z^2}) e e_g (d_{xz}, d_{yz}). O alongamento axial promove um abaixamento de energia dos orbitais que contêm a componente z, em especial o orbital d_{z^2} e, em menor proporção, os orbitais d_{xz} e d_{yz}. Esse comportamento influencia todos os outros orbitais, provocando um aumento de energia dos orbitais ($d_{x^2-y^2}$) e d_{xy} para que o centro de energia ou baricentro seja mantido.

Figura 6.7 – Desdobramento cristalino a partir de O_h para D_{4h} tetragonal alongado até D_{4h} planar

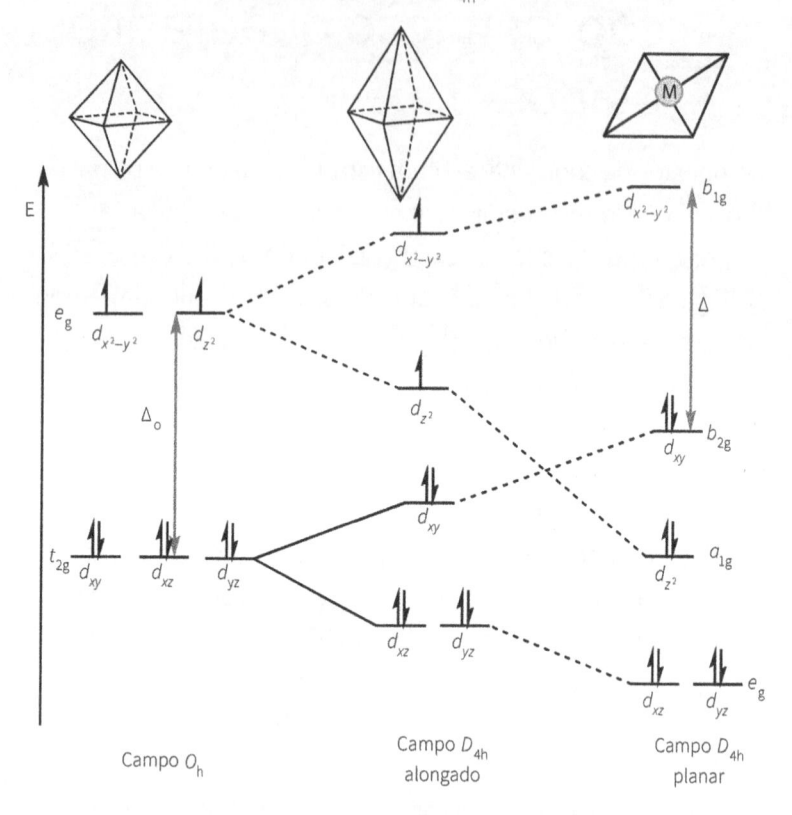

O desdobramento de energia ocorre pois o elétron que ocupa o orbital $d_{x^2-y^2}$ sente a repulsão de quatro ligantes, ao passo que o elétron no orbital d_{z^2} sente a repulsão de apenas dois ligantes. Assim, o efeito de repulsão promove um aumento de energia do orbital $d_{x^2-y^2}$ e, consequentemente, uma redução de energia do orbital d_{z^2}. Se os ligantes forem de campo forte, essa diferença de energia pode aumentar a ponto de superar a energia de emparelhamento, e os dois elétrons serão acomodados no orbital de menor energia d_{z^2}, como descrito na Figura 6.7. Como o orbital $d_{x^2-y^2}$ se encontra vazio, os ligantes direcionados nos eixos x e y podem se aproximar mais do íon metálico central, sem nenhuma dificuldade, e essas ligações se tornam mais fortes. Por outro lado, os dois ligantes posicionados no eixo z enfrentam uma repulsão muito forte, pela presença do par de elétrons emparelhados orbital d_{z^2}, e essas ligações são rompidas, o que leva à formação de um composto estável com quatro ligantes, de simetria D_{4h}. De fato, condição composto $[Ni(CN)_4]^{2-}$ é diamagnético, condição que não seria possível em um arranjo octaédrico.

A magnitude do desdobramento cristalino para o campo D_{4h} plano pode ser expressa pela diferença de energia entre o orbital $d_{x^2-y^2}$ (derivado de e_g) e o orbital d_{xy} (derivado de t_{2g}), como uma analogia ao campo cristalino O_h. Para que o campo cristalino D_{4h} plano seja mantido, o valor de Δ_{Dp} (em que Dp se refere à simetria D_{4h}, mas, nesse caso, plana) deve ser maior do que a energia para o emparelhamento dos elétrons. De acordo com cálculos teóricos, $\Delta_{Dp} = 1,3\Delta_O$ para o caso de um mesmo metal e mesmos ligantes contendo o mesmo comprimento de ligação M-L.

Complexos formados pelos íons de Cr^{2+} (d^4) em campo fraco, Co^{2+} (d^7) em campo forte e Cu^{2+} (d^9) também podem formar complexos quadráticos planos.

O desdobramento de energia depende dos metais e dos ligantes. Os metais da segunda e da terceira séries de transição $4d^8$ e $5d^8$, como os íons Pt^{2+}, Au^{3+}, Pd^{2+}, Rh^{1+} e Ir^{1+}, formam complexos quadráticos planos mesmo na presença de ligantes de campo fraco. O íon Ni^{2+} $3d^8$ forma complexos quadráticos planos somente na presença de ligantes de campo bastante forte, como o ligante CN⁻. Em complexos formados por íons Ni^{2+} $3d^8$ com ligantes de campo fraco, como $[NiX_4]^{2-}$, em que X corresponde a um halogênio, a estrutura formada será a tetraédrica, pois o desdobramento de campo cristalino é menor. Os efeitos da TCC para compostos tetraédricos serão discutidos a seguir.

6.4 Compostos de coordenação tetraédricos

Os arranjos geométricos mais comuns em complexos tetracoordenados são os quadráticos planos e os tetraédricos. Como discutimos anteriormente, os compostos quadráticos planos são casos especiais da simetria D_{4h}, derivados de estruturas tetragonais, que, por sua vez, podem ser derivados de estruturas octaédricas. Os compostos tetraédricos são derivados de estruturas cúbicas. Embora a estrutura cúbica não seja comum entre os compostos de coordenação, quando inserimos um tetraedro regular em um cubo, visualizamos como os orbitais podem interagir com os ligantes e, consequentemente, compreendemos o desdobramento dos níveis de energia dos orbitais. A Figura 6.8 representa cada orbital d do íon metálico inserido em um cubo, em que os ligantes ocupam quatro posições nos vértices do tetraedro e os eixos x, y e z apontam para o centro das faces do cubo. Lembre-se de que os orbitais d_{z^2} e $d_{x^2-y^2}$ coincidem com os eixos x, y e z e que os orbitais d_{xz}, d_{yz} e d_{xy} se encontram entre esses eixos.

Dessa forma, os orbitais d_{z^2} e $d_{x^2-y^2}$ estão direcionados para o centro das faces do cubo, e os orbitais d_{xz}, d_{yz} e d_{xy}

estão direcionados para as arestas. Os orbitais vão sofrer um desdobramento de energia, tal como ocorre com os compostos octaédricos, contudo de maneira invertida em relação aos níveis de energia. Os orbitais d_{xz}, d_{yz} e d_{xy} apresentam um aumento de energia, pois estão um pouco mais próximos dos ligantes em comparação aos orbitais d_{z^2} e $d_{x^2-y^2}$.

Figura 6.8 – Desdobramento de energia dos orbitais d em campo tetraédrico

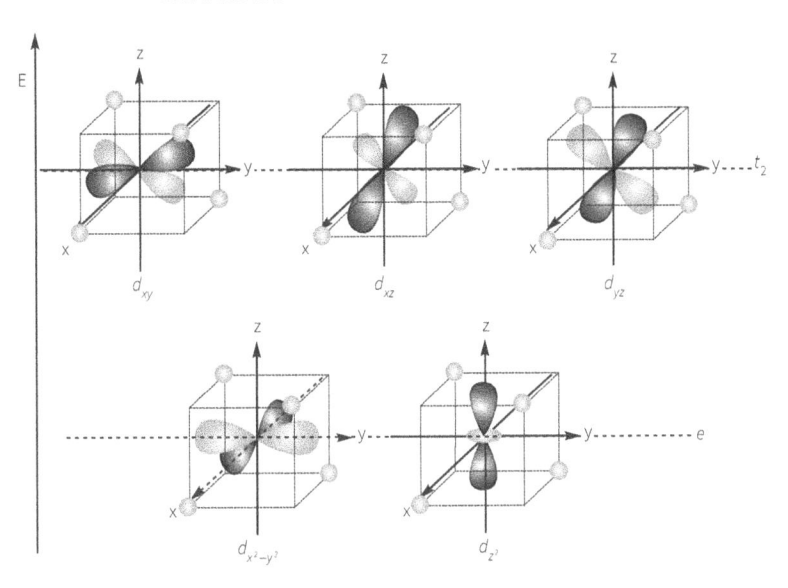

Essa configuração faz com que a interação entre os ligantes e os orbitais do centro metálico não seja direta, sendo observado um menor efeito de repulsão. Como consequência, o desdobramento de energia dos orbitais nos compostos tetraédricos é bem menor do que nos compostos octaédricos. Teoricamente, o valor do parâmetro de desdobramento cristalino tetraédrico Δ_T (em que T se refere à simetria tetraédrica T_d) é igual a 4/9 do parâmetro de desdobramento do campo octaédrico Δ_o (Figura 6.9). Note que, para que o centro de energia ou baricentro seja mantido, os orbitais t_2 aumentarão com uma magnitude de $2/5\Delta_T$ e os orbitais e reduzirão o nível de energia com uma magnitude de $3/5\Delta_T$.

Observe que os orbitais degenerados resultantes do desdobramento de energia de um campo esférico são denominados t_2 e e, com origem da simetria dos orbitais do grupo de ponto T_d. Nesse caso, como os orbitais de uma molécula de simetria T_d não apresentam centro de inversão, o índice g não aparece.

Figura 6.9 – Desdobramento de energia dos orbitais d pela presença de um campo cristalino de simetrias diferentes

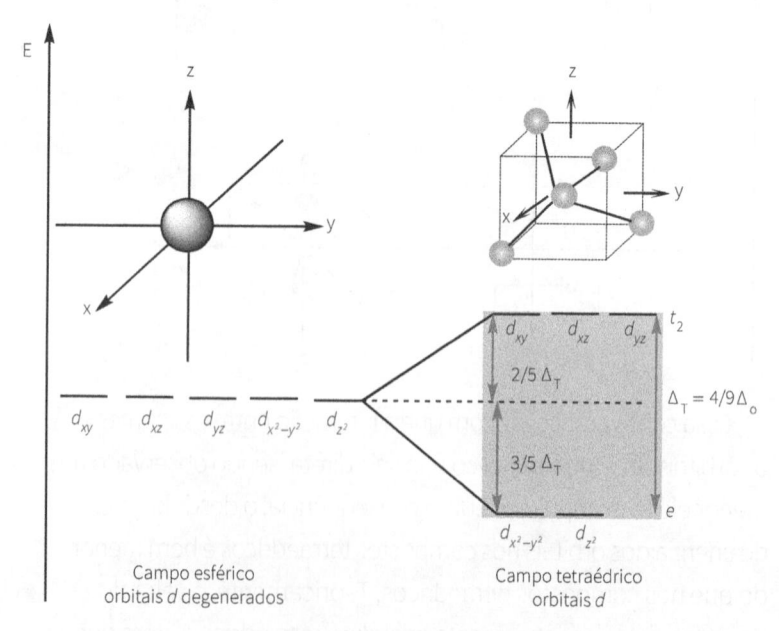

A magnitude do campo cristalino Δ_T é consideravelmente menor do que a do Δ_O. Além disso, os orbitais não coincidem com as direções em que os ligantes se encontram, o que leva a uma redução do desdobramento do campo cristalino de 2/3 em relação ao campo octaédrico. Outro fator contribui para que esse valor seja menor, estando associado à presença de apenas quatro ligantes ao redor do íon metálico central, ou seja, uma quantidade 2/3 menor do que a quantidade para os compostos octaédricos. Portanto, o desdobramento do campo cristalino será 2/3 menor. Desse modo, somando essas contribuições, obtemos um valor próximo de 4/9, por isso podemos afirmar que $\Delta_T = 4/9\Delta_O$.

O campo cristalino tetraédrico é considerado fraco, razão pela qual a energia não será suficiente para promover um emparelhamento de elétrons e os compostos tetraédricos, em sua maioria, serão somente de *spin* alto, mesmo na presença de ligantes de campo mais forte. Além disso, como Δ_T é pequeno, entendemos que as transições eletrônicas $t_2 \leftarrow e$ precisam de uma quantidade menor de energia para ocorrer, quando comparadas às transições $e_g \leftarrow t_{2g}$ dos compostos octaédricos. Dessa forma, observaremos compostos com cores diferentes ainda que com o mesmo metal e os mesmos ligantes.

A EECC pode ser calculada da mesma forma que para o campo cristalino octaédrico, alterando-se somente a ordem dos orbitais e o valor de cada contribuição, como vemos na Equação 6.1.

Equação 6.1

$$EECC = (-3/5)\Delta_T + (2/5)\Delta_T \text{ ou } EECC = (-0{,}6x) + (0{,}4y)\Delta_T$$

O Quadro 6.2 apresenta um resumo das configurações eletrônicas, a EECC com o número de elétrons desemparelhados e a distribuição eletrônica de d^1 a d^{10}.

Quadro 6.2 – Efeitos de campo cristalino para compostos tetraédricos na EECC

d^n	Configuração	N/distribuição eletrônica	EECC
d^1	e^1	1 ↑	$-0{,}6\Delta_T$
d^2	e^2	2 ↑ ↑	$-1{,}2\Delta_T$
d^3	$e^2 t_2^1$	3 ↑ ↑ ↑	$-0{,}8\Delta_T$
d^4	$e^2 t_2^2$	4 ↑ ↑ ↑ ↑	$0{,}4\Delta_T$
d^5	$e^2 t_2^3$	5 ↑ ↑ ↑ ↑ ↑	$0\Delta_T$
d^6	$e^3 t_2^3$	4 ↑↓ ↑ ↑ ↑ ↑	$-0{,}6\Delta_T$
d^7	$e^4 t_2^3$	3 ↑↓ ↑↓ ↑ ↑ ↑	$-1{,}2\Delta_T$
d^8	$e^4 t_2^4$	2 ↑↓ ↑↓ ↑↓ ↑ ↑	$-0{,}8\Delta_T$
d^9	$e^4 t_2^5$	1 ↑↓ ↑↓ ↑↓ ↑↓ ↑	$-0{,}4\Delta_T$
d^{10}	$e^4 t_2^6$	0 ↑↓ ↑↓ ↑↓ ↑↓ ↑↓	$0\Delta_T$
N = número de elétrons desemparelhados.			

A Figura 6.10 apresenta a variação de EECC para os campos octaédricos de *spin* alto e para o campo tetraédrico, aplicando-se a correção $\Delta_T = 4/9\Delta_0$. Podemos notar que compostos que apresentam a configuração eletrônica d^0, d^5 e d^{10} não são afetados pela geometria, pois não se observa nenhuma energia de estabilização para essas espécies.

De modo geral, percebemos que a estrutura octaédrica é favorecida em relação à tetraédrica, em virtude das energias de estabilização mais elevadas. De maneira especial, os compostos com configuração eletrônica d^3 e d^8 são especialmente favorecidos pela estrutura octaédrica. Assim, complexos (d^8) formados por íons Ni^{2+} vão apresentar estruturas octaédricas com ligantes de campo fraco. No entanto, a força e o volume dos ligantes também exercem influência na estrutura dos compostos. Por exemplo, complexos formados por íons Ni^{2+} (d^8) apresentam estrutura octaédrica com o ligante H_2O, quadrática plana com o ligante CN^- (ligante superforte) e tetraédrica com os ligantes Br^- e I^-, que são volumosos, ou com ligantes que introduzem uma repulsão eletrostática forte, como o Cl^-.

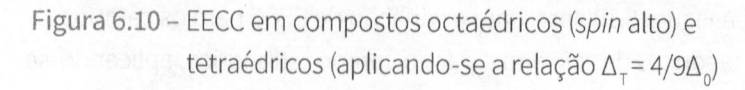

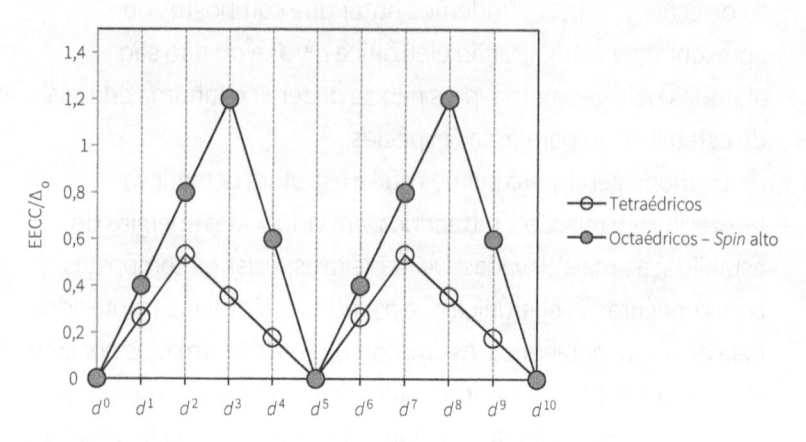

Figura 6.10 – EECC em compostos octaédricos (*spin* alto) e tetraédricos (aplicando-se a relação $\Delta_T = 4/9\Delta_0$)

[Gráfico: EECC/Δ_0 vs configuração d^0 a d^{10}, mostrando curvas para Tetraédricos e Octaédricos – Spin alto]

Os compostos com configurações eletrônicas d^0, d^2, d^5, d^7 e d^{10} apresentam distribuição eletrônica simétrica nos orbitais e e t_2, o que significa que a repulsão será sentida por igual entre os quatro ligantes e o arranjo favorecerá a formação de um tetraedro perfeito. Como exemplos, podemos citar: TiCl$_4$ ($e^0\ t_2^0$), [MnO$_4$]$^-$ ($e^0\ t_2^0$), [FeO$_4$]$^{2-}$ ($e^2\ t_2^0$), [FeCl$_4$]$^{1-}$ ($e^2\ t_2^3$), [CoCl$_4$]$^{2-}$ ($e^4\ t_2^3$) e [ZnCl$_4$]$^{2-}$ ($e^4\ t_2^6$).

A preferência por coordenações octaédricas e tetraédricas com base na estabilidade alcançada por essas estruturas pode ser encontrada em compostos de coordenação quando em estado sólido. Um exemplo são os óxidos mistos denominados *espinélios*, estruturas compostas conjuntamente por arranjos tetraédricos e octaédricos (Figura 6.11).

Esses sólidos apresentam estrutura do tipo AB$_2$O$_4$ e são muito importantes na química. Em sua composição estão presentes sítios tetraédricos representados pelos íons metálicos bivalentes A^{2+} e pelos íons metálicos trivalentes B^{3+}, que formam estruturas octaédricas com os ligantes O^{2-}. Essa fase é identificada como a fase normal de um espinélio, como acontece com o sólido Co_3O_4, em que o íon Co^{3+} (d^6) pode interagir mais fortemente com os ligantes e estabilizar o sítio octaédrico, resultando na estrutura do tipo $[Co^{II}]_T[2Co^{III}]_OO_4$. No entanto, esse tipo de sólido também pode formar espinélios invertidos, em que o íon divalente A^{2+} ocupa o sítio octaédrico, pois é estabilizado pelo campo cristalino, como ocorre com a magnetita. Nesse caso, os íons Fe^{2+} (d^6) apresentam uma EECC maior do que o íon Fe^{3+} (d^5), o que leva à formação da estrutura do tipo $[Fe^{III}]_T[2Fe^{II}Fe^{III}]_OO_4$. Compostos de Ni^{2+} (d^8) também podem formar espinélios invertidos, pois são estabilizados pelo campo cristalino octaédrico.

Figura 6.11 – Estrutura dos espinélios AB_2O_4 na configuração normal e invertida

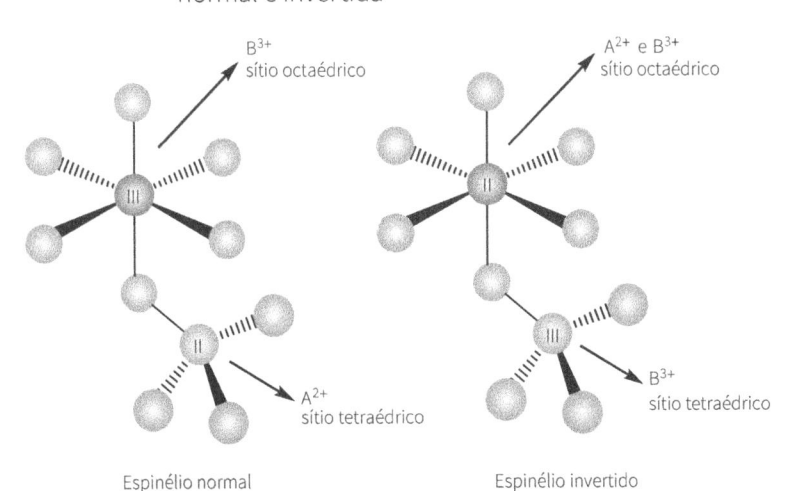

Síntese química

A **distorção da estrutura cristalina octaédrica** ocorre para remover a degenerescência e promover uma estabilização adicional pelo abaixamento das energias dos orbitais e_g e t_{2g}.

A distorção de uma estrutura octaédrica ao longo do eixo z promove a formação de uma **geometria tetragonal**, que pode ser por **alongamento** ou **achatamento do eixo z**.

Compostos de coordenação com configuração d^4 (*spin* alto) e d^9 estão mais sujeitos à distorção pelo **efeito Jahn-Teller**, o qual estabelece que qualquer molécula não linear com uma configuração eletrônica com orbitais degenerados e desigualmente preenchidos será instável e sofrerá uma distorção para formar uma estrutura de menor simetria, removendo a degenerescência e alcançando, assim, a estabilização pelo abaixamento de energia.

Compostos com configuração eletrônica d^8 na presença de ligantes de campo forte tendem a formar **compostos quadráticos planos**, pois a remoção de dois ligantes leva a uma estabilização pelo abaixamento adicional de energia dos orbitais e_g e t_{2g}.

Compostos tetraédricos apresentam campo cristalino mais fraco do que os compostos octaédricos e configuração eletrônica de *spin* alto, bem como são favorecidos por ligantes volumosos e eletronegativos.

Prática laboratorial

1. De acordo com a estrutura do complexo $[Cu(H_2O)_6]^{2+}$, identifique como verdadeiras (V) ou falsas (F) as seguintes afirmações:
   ( ) A única configuração possível é $t_{2g}^6 e_g^3$.
   ( ) O complexo apresenta configuração eletrônica [Ar] $3d^9$.
   ( ) O complexo pode apresentar o efeito Jahn-Teller.
   ( ) O complexo apresenta configuração eletrônica $e_g^4 b_{2g}^2 a_{1g}^2 b_{1g}^1$.
   ( ) O complexo é de *spin* alto e diamagnético.

   Agora, assinale a alternativa que corresponde à sequência obtida:
   a) V, F, V, V, F.
   b) V, V, F, F, V.
   c) F, V, V, V, F.
   d) F, F, V, V, V.
   e) V, V, V, F, F.

2. De acordo com a estrutura do complexo $[CoCl_4]^{2-}$, identifique como verdadeiras (V) ou falsas (F) as seguintes afirmações:
   ( ) Os ligantes Cl⁻ são de campo fraco, por isso a estrutura é D_{4h} planar.
   ( ) O complexo apresenta configuração eletrônica [Ar] $3d^7$.
   ( ) O complexo é tetraédrico e apresenta uma EECC = $-1,2\Delta_T$.
   ( ) O complexo apresenta configuração eletrônica $e^4 t_2^3$.
   ( ) O complexo é quadrático plano.

Agora, assinale a alternativa que corresponde à sequência obtida:

a) V, F, V, V, F.
b) F, V, V, V, F.
c) V, V, F, F, V.
d) F, F, V, V, V.
e) V, V, V, F, F.

3. Compostos com configuração d^8 como os íons Ni^{2+} são bons exemplos para a demonstração da teoria do campo cristalino (TCC). Identifique como verdadeiras (V) ou falsas (F) as seguintes afirmações:

( ) Com os ligantes de campo fraco como Cl^-, Br^- e I^-, formam compostos tetraédricos.
( ) Com o ligante H_2O, formam compostos octaédricos e diamagnéticos.
( ) Com o ligante de campo forte CN^-, formam compostos tetraédricos.
( ) Com o ligante de campo forte CN^-, formam compostos quadráticos planos e diamagnéticos.
( ) O complexo $[NiBr_4]^{2-}$ apresenta EECC $\approx 0,35\Delta_0$.

Agora, assinale a alternativa que corresponde à sequência obtida:

a) V, F, V, V, F.
b) V, V, F, F, V.
c) V, F, F, V, V.
d) F, F, V, V, V.
e) V, V, V, F, F.

4. Analise as seguintes afirmações sobre o efeito Jahn-Teller:
   I. Uma distorção por alongamento do eixo z faz com que os orbitais que apresentam o componente z tenham sua energia diminuída.
   II. Uma distorção por alongamento do eixo z faz com que os orbitais que apresentam o componente z tenham sua energia aumentada.
   III. Uma distorção por achatamento do eixo z faz com que os orbitais e_g (d_{xz} e d_{yz}) e a_{1g} (d_{z^2}) tenham sua energia aumentada.
   IV. Os compostos com configuração eletrônica d^4 (*spin* alto), d^7 (*spin* baixo) e d^9 apresentam efeito Jahn-Teller forte.
   V. Os complexos $[Mn(H_2O)_6]^{2+}$, $[Fe(H_2O)_6]^{2+}$ e $[Zn(H_2O)_6]^{2+}$ são bons exemplos para ilustrar o efeito Jahn-Teller.

   Está correto apenas o que se afirma em:
   a) I e II.
   b) I, III e IV.
   c) I, III e V.
   d) II e V.
   e) I e IV.

5. Assinale a alternativa correta:
   a) O complexo $[NiBr_4]^{2-}$ é tetraédrico, apresenta configuração eletrônica $e^4 t_2^4$ e EECC = $-0,8\Delta_T$ ou $\approx 0,35\Delta_O$.
   b) O complexo $[CoCl_4]^{2-}$ é tetraédrico, apresenta configuração eletrônica $t_{2g}^6 e_g^3$ e EECC = $0\Delta_T$.
   c) O complexo $[ZnCl_4]^{2-}$ é quadrático plano, pois apresenta distribuição eletrônica simétrica.

d) O complexo [CoCl$_4$]$^{2-}$ é quadrático plano, pois o ligante Cl$^-$ é volumoso.

e) Os compostos com configuração eletrônica d^3 e d^8 de *spin* alto apresentam geometria tetraédrica, pois são favorecidos pela EECC.

Análises químicas
Estudos de interações

1. Utilizando o diagrama apresentado na Figura 6.1, identifique em quais das seguintes configurações seria esperado o efeito Jahn-Teller: d^1, d^4(*spin* alto), d^6(*spin* baixo) e d^8.

2. O níquel e a platina pertencem ao mesmo grupo na tabela periódica. Porém, os complexos [NiCl$_4$]$^{2-}$ e [PtCl$_4$]$^{2-}$ apresentam geometria, cores e propriedades magnéticas distintas. Explique essas diferenças com base nos conceitos da TCC.

3. O complexo [Ni(CN)$_4$]$^{2-}$ é diamagnético e o complexo [NiCl$_4$]$^{2-}$ é paramagnético. Por que isso ocorre? Explique.

4. Com base no teorema de Jahn-Teller, explique por que, nos complexos tetragonais alongados, os orbitais que apresentam o componente *z* têm sua energia diminuída.

5. O cobalto forma inúmeros compostos com diferentes cores, por isso tem muitas aplicações comerciais. Um exemplo é o galinho do tempo, um suvenir português que acabou se tornando

comum no Brasil. Trata-se de um galinho que muda de cor dependendo da umidade do ambiente. Em suas asas há um composto de cobalto que, quando o ambiente está muito úmido, adquire a cor rosa e, quando se torna muito seco, adquire a cor azul. Com base na TCC, proponha as estruturas dos compostos, em relação à geometria e aos ligantes envolvidos.

Sob o microscópio

1. Como foi apresentado neste capítulo, complexos com íons metálicos com configurações d^4 (spin alto), d^9 e d^7 (spin baixo) podem apresentar o efeito Jahn-Teller mais pronunciado, pela presença de um elétron nos orbitais degenerados e_g.

   Com base nessas observações, proponha um experimento (materiais utilizados e procedimento experimental) que possa ser realizado em um laboratório para demonstrar o efeito Jahn-Teller. O laboratório deve apresentar equipamentos em que as amostras preparadas possam ser analisadas, como um espectrofotômetro UV-Visível e outros equipamentos que possam ser utilizados para corroborar os resultados.

Balanço da reação

Nesta obra, evidenciamos os principais conceitos que norteiam a química dos compostos de coordenação, explorando-os para avançarmos até o entendimento das correlações entre suas principais propriedades.

No Capítulo 1, apresentamos uma introdução histórica e a definição da nomenclatura e do arranjo dos compostos de coordenação. Na sequência, nos Capítulos 2 e 3, abordamos os conceitos de simetria e mostramos como identificar cada molécula ou íon em grupos de simetria específicos. Tratamos também da isomeria, em especial dos compostos tetra e hexacoordenados, a fim de promover a percepção de como a geometria e a simetria dos compostos podem definir algumas propriedades.

No Capítulo 4, examinamos os principais aspectos relacionados às propriedades dos compostos de coordenação, discutindo os fatores que interferem na formação e na estabilidade desses compostos, bem como suas principais aplicações no cotidiano, na medicina e na indústria.

Com as discussões dos Capítulos 5 e 6, fornecemos os conceitos que permitiram interpretar as propriedades dos compostos de coordenação, com base no tipo de ligação entre os ligantes e os íons metálicos, seguindo a teoria do campo cristalino (TCC), que ajuda a analisar o comportamento magnético e espectroscópico dos compostos de coordenação.

Acreditamos que os textos desta obra, que trata especificamente da química dos compostos de coordenação, auxiliam no entendimento das correlações entre os conceitos teóricos e as propriedades dos compostos presentes em nosso cotidiano. Esperamos que este livro possa contribuir para que você se torne um profissional com capacidade para utilizar esses conceitos para transformar o mundo que nos rodeia, melhorando a qualidade de vida de maneira sustentável.

Referências

BAGATIN, O. et al. Rotação de luz polarizada por moléculas quirais: uma abordagem histórica com proposta de trabalho em sala de aula. **Química Nova na Escola**, v. 21, p. 34-38, 2005.

BARREIRO, E. J.; FERREIRA, V. F.; COSTA, P. R. R. Substâncias enantiomericamente puras (SEP): a questão dos fármacos quirais. **Química Nova**, São Paulo, v. 20, n. 6, p. 647-656, 1997.

BETHE, H. A. Splitting of Terms in Crystals. **Annalen der Physik**, v. 3, p. 133-206, 1929.

BROWN, T. L. et al. **Química**: a ciência central. Tradução de Eloiza Lopes, Tiago Jonas e Sonia Midori Yamamoto. 13. ed. São Paulo: Pearson Education do Brasil, 2016.

BURZLAFF, H.; ZIMMERMANN, H. Point-group Symbols. In: HAHN, T. (Ed.). **International Tables for Crystallography**. Dordrecht: Springer, 2006. p. 818-820. (Space-Group Symmetry, v. A).

COTTON, F. A. **Chemical Applications of Group Theory**. 3. ed. New York: John Wiley & Sons, 1990.

COTTON, F. A.; WILKINSON, F. R. S. G. **Advanced Inorganic Chemistry**: a Comprehensive Text. 3. ed. New York: John Wiley & Sons, 1972.

FARIA, R. F. de. Werner, Jørgensen e o papel da intuição na evolução do conhecimento químico. **Química Nova na Escola**, v. 13, p. 29-33, 2001.

HALCROW, M. A. Jahn-Teller Distortions in Transition Metal Compounds, and their Importance in Functional Molecular and Inorganic Materials. **Chemical Society Reviews**, n. 42, p. 1784-1795, 2013.

HOUSECROFT, C. E.; SHARPE, A. G. **Inorganic Chemistry**. 4. ed. New York: Pearson Education, 2012.

HUHEEY, J. E.; KEITER, E. A.; KEITER, R. L. **Inorganic Chemistry**: Principles of Structure and Reactivity. 4. ed. New York: HarperCollins, 1993.

ISHII, T. et al. Universal Spectrochemical Series of Six-Coordinate Octahedral Metal Complexes for Modifying the Ligand Field Splitting. **Dalton Transactions**, n. 4, p. 680-687, 2009.

JAHN, H. A. Stability of Polyatomic Molecules in Degenerate Electronic States II – Spin Degeneracy. **Proceedings of the Royal Society A: Mathematical, Physical and Engineering Sciences**, v. 164, n. 916, p. 117-131, Jan. 1938.

JAHN, H. A.; TELLER, E. Stability of Polyatomic Molecules in Degenerate Electronic States I – Orbital Degeneracy. **Proceedings of the Royal Society A: Mathematical, Physical and Engineering Sciences**, v. 161, n. 905, p. 220-235, Jul. 1937.

KIM, H. et al. Anomalous Jahn-Teller Behavior in Manganese-Based Mixed-Phosphate Cathode for Sodium Ion Batteries. **Energy & Environmental Science**, n. 8, p. 3325-3335, 2015.

LEE, J. D. **Química inorgânica não tão concisa**. 5. ed. São Paulo: E. Blücher, 1999.

LUDWIG, E. et al. Iron(II) Spin-Crossover Complexes in Ultrathin Films: Electronic Structure and Spin-State Switching by Visible and Vacuum-UV Light. **Angewantde Chemie International Edition**, n. 53, p. 3019-3023, 2014.

MAHAN, B. H.; MEYERS, R. J. **Química, um curso universitário**. São Paulo: E. Blucher, 1995.

MIESSLER, G. L.; FISCHER, P. J.; TARR, D. A. **Química inorgânica**. Tradução de Ana Julia Perrotti-Garcia. 5. ed. São Paulo: Pearson Education do Brasil, 2014.

NEVES, A. P.; VARGAS, M. D. Complexos de platina(II) na terapia do câncer. **Revista Virtual de Química**, v. 3, n. 3, p. 196-209, 2011.

ORCHIN, M. M.; JAFFE, H. H. Symmetry, Point Groups, and Character Tables. **Journal of Chemical Education**, v. 47, n. 5, p. 372-377, 1970.

OSATIASHTIANI, A. et al. Bifunctional SO_4/ZrO_2 Catalysts for 5-Hydroxymethylfufural (5-HMF) Production from Glucose. **Catalysis Science and Technololy**, v. 4, p. 333-342, 2014.

QUEIROZ, S. L.; BATISTA, A. A. Isomerismo cis-trans: de Werner aos nossos dias. **Química Nova**, São Paulo, v. 21, n. 2, p. 193-201, 1998.

RONCONI, L.; SADLER, P. J. Using Coordination Chemistry to Design New Medicines, **Coordination Chemistry Review**, v. 251, n. 13-14, p. 1633-1648, 2007.

SANTOS, L. M. et al. Química de coordenação: um sonho audacioso de Alfred Werner. **Revista Virtual de Química**, v. 6, n. 5, p. 1260-1281, 2014.

SANTOS, V. C. dos et al. Physicochemical Properties of WO_x/ZrO_2 Catalysts for Palmitic Acid Esterification. **Applied Catalysis B: Environmental**, v. 162, p. 75-84, Jan. 2015.

SHRIVER, D. F.; ATKINS, P. **Química inorgânica**. 4. ed. Porto Alegre: Bookman, 2008.

SCHWALENSTOCKER, K. et al. Cobalt Kβ Valence-to-Core X-ray Emission Spectroscopy: a Study of Low-Spin Octahedral Cobalt(III) Complexes. **Dalton Transactions**, v. 45, n. 36, p. 14191-14202, Sept. 2016.

SILVA, A. et al. Nb_2O_5/SBA-15 Catalyzed Propanoic Acid Esterification. **Applied Catalysis B: Environmental**, v. 205, p. 498-504, 2017.

SILVA, J. A. L. da. A etimologia de biomoléculas com metais de transição como auxiliar na aprendizagem de química biológica. **Química Nova**, São Paulo, v. 36, n. 9, p. 1458-1463, 2013.

TEIXIDOR, F.; CASABÓ, J.; SOLANS, A. Electronic Spectra of cis and trans Disubstituted Octahedral Chromium(III) Complexes: an Advanced Inorganic Chemistry Experiment. **Journal of Chemical Education**, v. 64, n. 5, p. 461-462, May 1987.

THOMPSON, K. H.; ORVIG, C. Metal Complexes in Medicinal Chemistry: New Vistas and Challenges in Drug Design. **Dalton Transactions**, n. 6, p. 761-764, 2006.

TOMA, H. E. Alfred Werner e Heinrich Rheinboldt: genealogia e legado científico. **Química Nova**, São Paulo, v. 37, n. 3, p. 574-581, maio/jun. 2014.

TOMA, H. E. **Química de coordenação, organometálica e catálise**. São Paulo: Blucher, 2013. (Coleção de Química Conceitual, v. 4).

TRAPP, C.; JOHNSON, R. Crystal Field Spectra of Transition Metal Ions: a Physical Chemistry Experiment. **Journal of Chemical Education**, v. 44, n. 9, p. 527-530, 1967.

TSUCHIDA, R. Absorption Spectra of Co-ordination Compounds. I. **Bulletin of the Chemical Society of Japan**, v. 13, n. 5, p. 388-400, 1938.

WANG, D.; LIPPARD, S. J. Cellular Processing of Platinum Anticancer Drugs. **Nature Reviews Drug Discovery**, v. 4, n. 4, p. 307-320, Apr. 2005.

WELLER, M. T. et al. **Inorganic Chemistry**. 7. ed. Oxford: Oxford University Press, 2018.

WELLER, M. T. et al. **Química inorgânica**. Tradução de Cristina Maria Pereira dos Santos. 6. ed. Porto Alegre: Bookman, 2017.

WILLIAMS, G. M.; OLMSTED, J.; BREKSA, A. P. Coordination Complexes of Cobalt: Inorganic Synthesis in the General Chemistry Laboratory. **Journal of Chemical Education**, v. 66, n. 12, p. 1043-1045, 1989.

WILLOCK, D. **Molecular Symmetry**. Chichester: John Wiley & Sons, 2009.

Bibliografia comentada

WELLER, M. T. et al. **Química inorgânica**. Tradução de Cristina Maria Pereira dos Santos. 6. ed. Porto Alegre: Bookman, 2017.

    Essa é uma tradução do livro de língua inglesa publicado em 2014, de acordo com as recomendações da International Union of Pure and Applied Chemistry (Iupac). Iniciada pelos autores Duward Shriver e Peter Atkins, essa obra apresenta um texto bastante amplo que traz discussões sobre os fundamentos, os elementos e seus componentes, além de uma reflexão acerca das fronteiras entre a química inorgânica e outras áreas. Os capítulos que abordam a química de coordenação estão distribuídos em fundamentos, bem como nos elementos e seus componentes. Os conceitos de simetria molecular são apresentados no Capítulo 6 por meio de uma linguagem clara e precisa, que proporciona o entendimento da correlação das representações gráficas das moléculas com as operações e os elementos de simetria. Na sequência, o Capítulo 7 apresenta uma introdução sobre os compostos de coordenação, de acordo com a nomenclatura e a geometria, trazendo uma abordagem acerca da isomeria nos compostos de coordenação. As principais reflexões a respeito da estrutura dos complexos estão nos Capítulos 19 e 20, que exploram as principais teorias de ligações entre os ligantes e os íons metálicos, como a teoria do campo cristalino (TCC) e a teoria do campo ligante (TCL), além de uma ampla discussão sobre os espectros eletrônicos nos compostos de coordenação. De maneira geral, trata-se de uma obra densa, panorâmica e muito bem exemplificada e ilustrada, capaz de contribuir de maneira significativa para a compreensão dos conteúdos da química inorgânica e sua relação com o cotidiano. Pode, ainda, ajudar a esclarecer alguns conceitos não abordados nos tópicos específicos da química inorgânica de coordenação.

LEE, J. D. **Química inorgânica não tão concisa**. 5. ed. São Paulo: E. Blucher, 1999.

Esse livro é a tradução de uma obra de autoria do professor britânico John D. Lee, originalmente publicada em língua inglesa. Trata-se de um material bastante completo, sendo, por isso, um dos textos didáticos mais recomendados e utilizados por professores e estudantes. O livro apresenta, de forma clara e concisa, os tópicos mais relevantes da química inorgânica, introduzindo conceitos teóricos e aspectos descritivos dos vários blocos de elementos da tabela periódica. De maneira específica, os conceitos relacionados à química de coordenação constam no Capítulo 7, com uma abordagem em uma linguagem precisa, que proporciona um bom entendimento sobre os aspectos históricos e as principais teorias de ligações nos compostos de coordenação, enfatizando os compostos tetracoordenados e hexacoordenados. Embora as questões relacionadas à nomenclatura dos compostos de coordenação sejam antigas, essa obra pode ser considerada, em virtude da riqueza de informações, muito útil para estudantes e profissionais, propiciando uma fundamentação bastante ampla e consistente.

MAHAN, B. H.; MEYERS, R. J. **Química, um curso universitário**. São Paulo: E. Blucher, 1995.

Esse livro é a tradução de uma obra originalmente publicada em língua inglesa. Com um texto bastante completo, contempla conteúdos gerais da química, tratada como uma ciência central. Embora as questões relacionadas à nomenclatura dos compostos de coordenação estejam desatualizadas, essa obra ainda é utilizada como referência em cursos de Química, pois seus fundamentos são apresentados em estado de arte, com muita profundidade e riqueza de detalhes, enfatizando-se mais o conteúdo por si só do que imagens e ilustrações excessivas. O Capítulo 16 apresenta discussões sobre os metais de transição de maneira geral, como a nomenclatura (antiga), a estereoquímica, a teoria do campo cristalino (TCC) e a teoria de campo ligante (TCL), em uma linguagem fácil e simples. Em se tratando de conteúdos de química inorgânica de coordenação, esse livro pode ser indicado como uma boa introdução. Com relação aos conteúdos fundamentais da química, ele é um dos mais indicados pela riqueza de detalhes.

Respostas

Capítulo 1

Prática laboratorial

1.
   a) Cada ligante CN tem carga –1, então 6 (ligantes CN) x – 1 = –6. Como a carga global do complexo é –4, o estado de oxidação do Mn é +2 (–6 + 2 = –4). Mn^{2+} (d^5).
   b) Cada ligante Cl tem carga –1, então 4 (ligantes Cl) x – 1 = –4. Como a carga global do complexo é –2, o estado de oxidação do Fe é +2 (–4 + 2 = –2). Fe^{2+} (d^6).
   c) Cada ligante Cl tem carga –1, então 3 (ligantes Cl) x – 1 = –3. O ligante py é neutro (ou seja, sua carga é zero ou nula). Como o complexo também é neutro, o estado de oxidação do Co é +3 (–3 + 3 = 0). Co^{3+} (d^6).
   d) Cada ligante O tem carga –2, então 4 (ligantes O) x – 2 = –8. Como a carga global do complexo é –1, o estado de oxidação do Re é +7 (–8 + 7 = –1). Re^{7+} (d^0).
   e) O ligante en é neutro. Como a carga global do complexo é +2, o estado de oxidação do Ni é +2 (0 + 2 = +2). Ni^{2+} (d^8).
   f) O ligante H_2O é neutro. Como a carga global do complexo é +3, o estado de oxidação do Ti é +3 (0 + 3 = +3). Ti^{3+} (d^1).
   g) Cada ligante Cl tem carga –1, então 6 (ligantes Cl) x – 1 = –6. Como a carga global do complexo é –3, o estado de oxidação do V é +3 (–6 + 3 = –3). V^{3+} (d^2).

h) Cada ligante acac tem carga –1, então 3 (ligantes acac) x – 1 = –3. Como o complexo é neutro, o estado de oxidação do Cr é +3 (–3 + 3 = 0). Cr^{3+} (d^3).

2. Apenas o $C_2O_4^{2-}$ (oxalato) é um ligante bidentado, pois pode se coordenar a um íon metálico por meio de seus dois átomos de oxigênio (ver Quadro 1.2). Os outros são todos monodentados e se coordenam a um íon metálico através dos átomos de nitrogênio (NH_3), carbono (CO) e oxigênio (HO^-).

3. (a) linear; (b) tetraédrica; (c) bipirâmide trigonal ou pirâmide de base quadrada; (d) octaédrica.

4.
a)

$[PtCl_2(H_2O)_2]$: o prefixo *di* indica duas moléculas de água (aqua) e dois íons Cl^-. Como sabemos, a água é um ligante neutro, enquanto o Cl tem carga –1. Como indicado na nomenclatura, o metal Pt encontra-se no estado de oxidação +2 (Pt^{2+}), portanto o complexo é neutro. O prefixo *trans* indica que os ligantes Cl e H_2O estão localizados em lados opostos.

b)

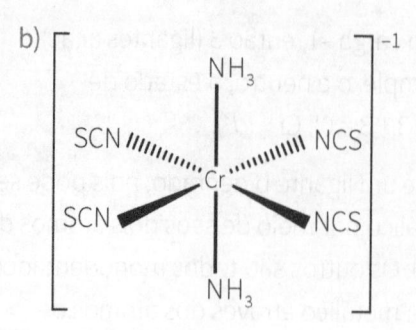

$$\left[\begin{array}{c} NH_3 \\ SCN\cdots Cr \cdots NCS \\ SCN\diagup \quad \diagdown NCS \\ NH_3 \end{array}\right]^{-1}$$

$[Cr(NH_3)_2(NCS)_4]^-$: o prefixo *di* indica duas moléculas de amônia (amin) e o prefixo *tetra* indica quatro íons NCS^-. Tiocianato-κ*N* indica que os íons NCS^- se coordenam através do átomo de nitrogênio. Como indicado na nomenclatura, o metal Cr encontra-se no estado de oxidação +3 (Cr^{3+}), portanto o complexo tem carga global −1.

5.
  a) Ni^{2+} (d^8): quadrado planar

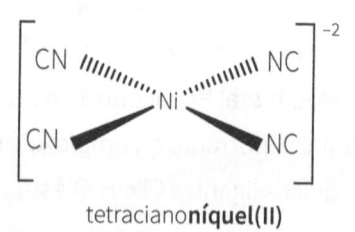

$$\left[\begin{array}{c} CN\cdots Ni \cdots NC \\ CN\diagup \quad \diagdown NC \end{array}\right]^{-2}$$

tetraciano**níquel(II)**

b) Co^{2+} (d^7): tetraédrico

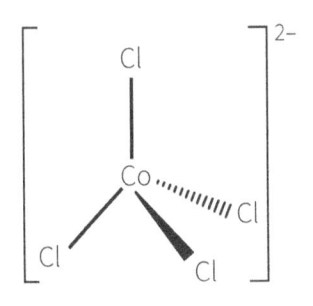

$$\left[\begin{array}{c} Cl \\ | \\ Co \cdots\cdots Cl \\ / \quad \backslash \\ Cl \quad \quad Cl \end{array}\right]^{2-}$$

tetraclorocobalto(II)

c) Octaédrico

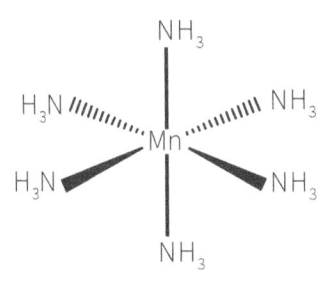

$$\begin{array}{c} NH_3 \\ | \\ H_3N \cdots\cdots Mn \cdots\cdots NH_3 \\ / \quad | \quad \backslash \\ H_3N \quad NH_3 \quad NH_3 \\ | \\ NH_3 \end{array}$$

hexaamina**manganês(II)**

Análises químicas

Estudos de interações

1. 1 mol de $CoCl_3 \cdot 5NH_3 \cdot H_2O$ (*pink*) forneceu 3 mols de AgCl, portanto os 3 íons cloretos estão atuando apenas como contraíons. Como o complexo é octaédrico, ou seja, apresenta número de coordenação igual a 6, a fórmula do sólido *pink* é $[Co(NH_3)_5(H_2O)]Cl_3$. O sólido roxo também é octaédrico, sendo originado a partir do sólido *pink* pela perda de uma molécula

de água. Sabendo que 1 mol do sólido roxo forneceu 2 mols de AgCl, percebemos que, nesse composto, apenas dois íons cloreto estão atuando como contraíons. Portanto, sua fórmula é [CoCl(NH$_3$)$_5$]Cl$_2$, mantendo, assim, a mesma proporção NH$_3$:Cl:Co do sólido *pink* (5:3:1). As estruturas e os nomes dos complexos estão representados a seguir:

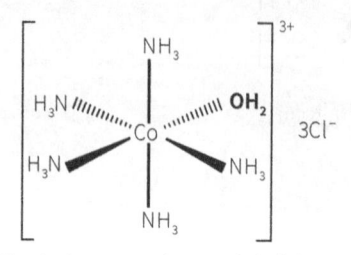

Cloreto de penataaminaquacobalto(III) 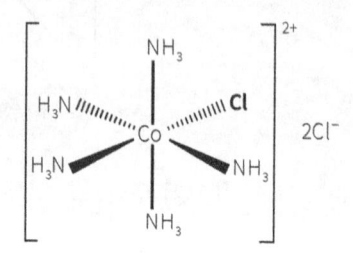   Cloreto de pentaaminclorocobalto(III)

2.
  a) [Ag(NH$_3$)$_2$]$^+$, linear.
  b) [Zn(OH)$_4$]$^{2-}$, tetraédrico.

Capítulo 2
Prática laboratorial

1. a
2. a
3. e
4. d
5. d

Análises químicas

Estudos de interações

1. Ao substituir um ligante Cl⁻ por outro, não observaríamos mais um eixo C_4, nem um plano de reflexão horizontal, nem planos de reflexão diédricos, nem um eixo S_4. Seguindo o fluxograma de atribuição de grupos de ponto, observamos que a molécula não apresenta nC_2 perpendicular ao C_2 nem plano horizontal, mas apresenta planos verticais, logo pode ser atribuída ao grupo de ponto C_{2v}.

2. (a) C_1; (b) C_{4v}; (c) D_{3h}; (d) $C_{\infty v}$. De acordo com a simetria, a molécula (a) é polar, pois não apresenta plano de reflexão horizontal, centro de inversão ou nC_2 perpendiculares a C_n (eixo de rotação de maior ordem da molécula). No entanto, a molécula linear também pode apresentar um momento de dipolo elétrico, logo pode ser considerada polar. De acordo com a simetria, a única molécula quiral é a (a), pois não apresenta i, σ e S_n.

3. Não. Como pertence ao grupo de ponto D_{5h}, ela apresenta plano de reflexão horizontal e um eixo C_2 perpendicular ao eixo C_5, logo não pode ser polar.

Capítulo 3

Prática laboratorial

1. (a), (c) e (d)
2. f
3. c

4. a

5. e

Análises químicas

Estudos de interações

1. (a) isomerismo óptico; (b) isomerismo geométrico *cis* e *trans*; (c) isomerismo geométrico *cis* e *trans*; (d) dois isômeros geométricos *cis* e *trans* e dois ópticos; (e) isomerismo geométrico *mer* e *fac*.

2. Esses compostos podem formar isômeros de ionização. Os íons cloreto e brometo, além de poderem ser contraíons, podem atuar como ligantes e trocar de posição da esfera de coordenação externa para a interna.

Capítulo 4

Prática laboratorial

1.
   a) A molécula de água, H_2O, apresenta dois átomos de hidrogênio e, portanto, pode atuar como ácido em uma reação com uma base. Por outro lado, a molécula também contém um átomo de oxigênio com dois pares de elétrons isolados, um dos quais pode ser usado para formar uma ligação com um íon H^+ (proveniente de um ácido), podendo, nesse caso, atuar como uma base. Uma vez que a água é capaz de atuar como um ácido ou uma base de Brønsted-Lowry, a molécula H_2O é dita *anfótera* (ver Equações 4.1 e 4.2)

b) Um ácido conjugado é uma espécie com um próton (H⁺) a mais que seu par conjugado, enquanto uma base é uma espécie com um próton a menos que seu par conjugado. O ácido conjugado de cada uma das estruturas está representado a seguir. Note que a molécula (a), o íon acetil acetilacetonato, é um híbrido de ressonância.

(a)

(b)

(c)

2.
a) $\left[Fe(H_2O)_6\right]^{3+} + 6CN^- \rightleftharpoons \left[Fe(CN)_6\right]^{3+} + 6H_2O$

b) $\beta = \dfrac{\left[Fe(CN)_6^{3-}\right]}{\left[Fe(H_2O)_6^{3-}\right][CN^-]^6}$

Você deve lembrar que, na expressão das constantes de equilíbrio, omitem-se os colchetes que fazem parte da fórmula química dos complexos. Os colchetes apresentados nas constantes indicam a concentração molar das espécies (a unidade é mol.dm⁻³).

c) O elevado valor da constante global de formação indica que o equilíbrio está deslocado para a direita, ou seja, para a formação dos produtos, e que o complexo hexacianetoferrato(III) é muito estável.

3.
a) $[Cu(H_2O)_6]^{2+} + NH_3 \rightleftharpoons [Cu(H_2O)_5(NH_3)]^{2+} + H_2O$

$$K_1 = \frac{[Cu(H_2O)_5(NH_3)]^{2+}}{[Cu(H_2O)_6^{2+}][NH_3]}$$

$[Cu(H_2O)_5(NH_3)]^{2+} + NH_3 \rightleftharpoons [Cu(H_2O)_4(NH_3)_2]^{2+} + H_2O$

$$K_2 = \frac{[Cu(H_2O)_4(NH_3)_2^{2+}]}{[Cu(H_2O)_5(NH_3)^{2+}][NH_3]}$$

$[Cu(H_2O)_4(NH_3)_2]^{2+} + NH_3 \rightleftharpoons [Cu(H_2O)_3(NH_3)_3]^{2+} + H_2O$

$$K_3 = \frac{[Cu(H_2O)_3(NH_3)_2^{2+}]}{[Cu(H_2O)_4(NH_3)^{2+}][NH_3]}$$

$[Cu(H_2O)_4(NH_3)_2]^{2+} + NH_3 \rightleftharpoons [Cu(H_2O)_3(NH_3)_3]^{2+} + H_2O$

$$K_4 = \frac{[Cu(H_2O)_2(NH_3)_4^{2+}]}{[Cu(H_2O)_3(NH_3)_3^{2+}][NH_3]}$$

b) $[Cu(H_2O)_6]^{2+} + 4NH_3 \rightleftharpoons [Cu(H_2O)_2(NH_3)_4]^{2+} + 4H_2O$

$$\beta_1 = \frac{[Cu(H_2O)_2(NH_3)_4]^{2+}}{[Cu(H_2O)_6^{2+}][NH_3]^4}$$

c) $\beta_4 = 1{,}78 \cdot 10^4 \cdot 4{,}07 \cdot 10^3 \cdot 9{,}55 \cdot 10^2 \cdot 1{,}74 \cdot 10^2 = 1{,}20 \cdot 10^{13}$

4.
a) $[Ni(H_2O)_6]^{2+} + 6NH_3 \rightleftharpoons [Ni(NH_3)_6]^{2+} + 6H_2O$

$[Ni(H_2O)_6]^{2+} + EDTA^{4-} \rightleftharpoons [Ni(EDTA)]^{2+} + 6H_2O$

b) Os valores das constantes de estabilidade global mostram que a posição do equilíbrio para o EDTA está muito mais à direita do que a amônia. Há principalmente dois fatores que afetam a posição do equilíbrio: a mudança de entalpia (ΔH) e a mudança de entropia (ΔS). Nesse caso, o fator dominante é a mudança de entropia. As reações são mais prováveis se a quantidade de desordem no sistema aumenta, ou seja, se há um aumento na entropia.

Na reação na amônia, podemos notar que não há uma mudança no número de moléculas ou íons complexos indo dos reagentes para os produtos (sete moléculas em ambos os sentidos). No caso do EDTA, o número de espécies em solução aumenta dos reagentes para os produtos (de duas para sete) e, portanto, há um correspondente aumento da entropia ($\Delta S°$ é positivo). Desse modo, a constante de estabilidade para a reação do complexo de $[Ni(H_2O)_6]^{2+}$ com o ligante EDTA tem uma entropia de reação mais positiva e, consequentemente, é o processo mais favorável.

5. Dica: Você pode recorrer ao Quadro 4.2 sempre que necessário, porém é importante entender o conceito ácido-base duro e mole em vez de apenas memorizar o quadro.

   a) H^+ (ácido duro); F^- (base dura); Na^+ (ácido duro); I^- (base mole).

   A reação tende a ficar em equilíbrio, pois ambos os sentidos têm interações semelhantes: HI: ácido duro-base mole; NaF: ácido duro-base dura = HF: ácido duro-base dura; NaI: ácido duro-base mole.

b) Al^{3+} (ácido duro); I^- (base mole); Na^+ (ácido duro); F^- (base dura).

A reação tende a ficar em equilíbrio, pois ambos os sentidos têm interações semelhantes: AlI_3: ácido duro-base mole; NaF: ácido duro-base dura = AlF_3: ácido duro-base dura; NaI: ácido duro-base mole.

c) Cu^{2+} (ácido intermediário); I^- (base mole); Cu^+ (ácido mole); F^- (base dura).

A reação tende a deslocar-se para a direita (no sentido dos produtos), pois as interações são mais favoráveis:

Reagentes: CuI_2: ácido intermediário-base mole; CuF: ácido mole-base dura.

Produtos: CuF_2: ácido intermediário-base dura; CuI: ácido mole-base mole.

d) Co^{2+} (ácido intermediário); F– (base dura); Hg^{2+} (base mole); Br– (base intermediária).

A reação tende a deslocar-se levemente para a esquerda (no sentido dos reagentes), pois as interações são mais favoráveis:

Reagentes: CoF_2: ácido intermediário-base dura; $HgBr_2$: ácido mole-base intermediária.

Produtos: $CoBr_2$: ácido intermediário-base intermediária; HgF_2: ácido mole-base dura.

Análises químicas

Estudos de interações

1.
   a) O Co^{3+} é um ácido duro. A dureza dos ligantes contendo tais átomos doadores aumenta na ordem O > N > P > As, o que explica a forte ligação do Co^{3+} com o oxigênio e o nitrogênio, a força moderada na ligação com fósforo e a fraca ligação com arsênio.
   b) Pelos valores das constantes de formação entre Zn^{2+} e os íons haletos, pode-se concluir que a estabilidade do complexo $[ZnX]^+$ aumenta na ordem $F^- > Cl^- > Br^- > I^-$. O íon Zn^{2+} é um ácido duro, favorecendo a ligação com uma base dura como F^-, o que explica os valores das constantes.

2.
   a) Pd^{2+} é um ácido mole e favorece interações com bases moles, portanto a ordem de estabilidade será: P > As > S >> O. Entretanto, ligantes contendo O, O' como átomos doadores são bidentados e, assim, o efeito quelato faz-se presente e favorece a formação de tais compostos.
   b) O ligante $EDTA^{4-}$ é hexadentado, contendo nitrogênio e oxigênio (bases duras) como átomos doadores. Esse ligante forma complexos quelatos com anéis de cinco membros em $[M(EDTA)]^{n-}$. Íons metálicos como M^{3+}, os quais são ácidos mais duros que íons M^{2+}, favorecem interações com os átomos doadores ácidos (N e O) do ligante $EDTA^{4-}$, por isso a maior estabilidade desses complexos.

Capítulo 5

Prática laboratorial

1. c
2. c
3. a
4. b
5. e

Análises químicas

Estudos de interações

1.
   a) Fe^{2+} d^6 *spin* baixo, configuração t_{2g}^6

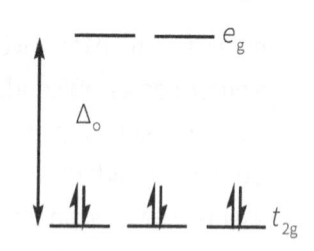

   $$\begin{array}{c} \underline{\quad}\ \underline{\quad}\ e_g \\ \Delta_o \\ \underline{\uparrow\downarrow}\ \underline{\uparrow\downarrow}\ \underline{\uparrow\downarrow}\ t_{2g} \end{array}$$

   b) Fe^{2+} d^6 *spin* alto, configuração $t_{2g}^6 e_g^2$

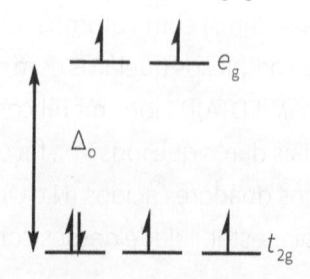

   $$\begin{array}{c} \underline{\uparrow}\ \underline{\uparrow}\ e_g \\ \Delta_o \\ \underline{\uparrow\downarrow}\ \underline{\uparrow}\ \underline{\uparrow}\ t_{2g} \end{array}$$

2. De acordo com a série espectroquímica, a força dos ligantes será $H_2O > NH_3 >$ en. Dessa forma, o complexo $[Ni(en)_3]^{2+}$ apresenta magnitude de Δ_O maior; logo, espera-se que a transição eletrônica ocorra em região de maior energia e, na sequência, venha o $[Ni(NH_3)_6]^{2+}$ e, com menor energia, o complexo $[Ni(H_2O)_6]^{2+}$. Como observamos as cores complementares, a transição mais energética seria na região do amarelo, dando origem à cor violeta. Outra transição com energia um pouco inferior seria na região do laranja, que corresponde à cor azul, e a transição de menor energia seria na região do vermelho, dando origem à cor complementar verde. Dessa forma, podemos afirmar que $[Ni(en)_3]^{2+}$ é violeta, $[Ni(NH_3)_6]^{2+}$ é azul e $[Ni(H_2O)_6]^{2+}$ é verde.

Capítulo 6

Prática laboratorial

1. c
2. b
3. c
4. b
5. a

Análises químicas

Estudos de interações

1. d^1: como há um elétron no orbital degenerado t_{2g}, ocorre o efeito Jahn-Teller fraco para desdobrar os orbitais em dois

níveis, e o elétron é acomodado no orbital de menor energia para alcançar a estabilidade.

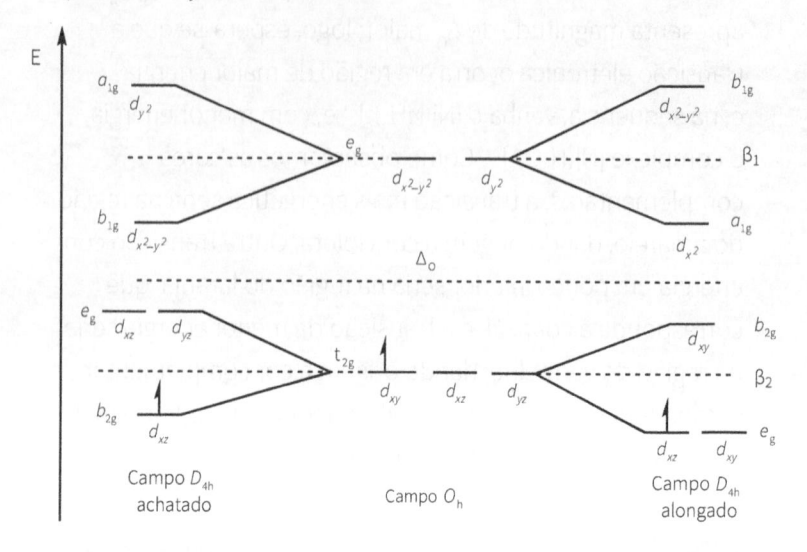

```
E ↑
         a_{1g}                                                          b_{1g}
         d_{y^2}                                             d_{x^2-y^2}
                        e_g                                                          β_1
                    ---------                 ---------
                    d_{x^2-y^2}  d_{y^2}
         b_{1g}                                                          a_{1g}
         d_{x^2-y^2}                                                     d_{x^2}
                              Δ_o
         e_g
         d_{xz}  d_{yz}                                         d_{xy}   b_{2g}
                        t_{2g} ↑                               ---------         β_2
                    ---------
                    d_{xy}  d_{xz}  d_{yz}
         b_{2g}                                                          e_g
         ↑                                                     d_{xz}  d_{xy}
         d_{xz}

      Campo D_{4h}              Campo O_h              Campo D_{4h}
        achatado                                         alongado
```

As outras configurações devem ser feitas da mesma forma.

Configuração d^4 (spin alto): como há um elétron no orbital degenerado e_g, vai ocorrer o efeito Jahn-Teller forte para desdobrar os orbitais em dois níveis, e o elétron será acomodado no orbital de menor energia para alcançar a estabilidade.

Configuração d^6 (spin baixo): não há nenhuma possibilidade de estabilização adicional; logo, não há o efeito Jahn-Teller.

Configuração d^8: não há o efeito Jahn-Teller.

2. O desdobramento de energia do campo cristalino depende dos metais e dos ligantes. O íon $[PtCl_4]^{2-}$ composto pelo íon Pt^{2+} pertence ao grupo dos orbitais $4d$, que são mais volumosos

que os orbitais 3d, o que leva a uma maior eficiência da interação dos orbitais do metal com os orbitais do ligante. Assim, a magnitude de Δ_0 será maior e o campo cristalino será forte. Dessa forma, os metais da segunda e da terceira séries de transição 4d^8 e 5d^8, como o íon Pt^{2+} (4d^8), formam compostos quadráticos planos, mesmo na presença de ligantes de campo fraco, como o Cl$^-$. O complexo [NiCl$_4$]$^{2-}$ é tetraédrico com configuração $e^4 t_2^4$ e paramagnético, pois apresenta dois elétrons desemparelhados, e o ligante Cl$^-$ é considerado relativamente grande quando comparado ao íon Ni^{2+}, o que favorece o arranjo tetraédrico. Como a força e a geometria dos compostos são diferentes, podemos observar cores diferentes.

3. Compostos da primeira série de transição com configuração 3d^8 podem formar compostos quadráticos planos, se os ligantes forem de campo forte, como o CN$^-$, pois a diferença de energia entre os orbitais e_g que sofreram desdobramento pode aumentar a ponto de superar a energia de emparelhamento. Os dois elétrons serão acomodados no orbital de menor energia d_{z^2}, por isso serão diamagnéticos, como o composto [Ni(CN)$_4$]$^{2-}$. Na presença de um ligante de campo fraco, como o Cl$^-$, e relativamente grande em relação ao íon Ni^{2+}, a estrutura tetraédrica é favorecida e o composto é paramagnético em razão da presença de elétrons desemparelhados.

4. Responda com suas próprias palavras.

   De acordo com o teorema de Jahn-Teller, a distorção de geometria ocorre sempre que o desdobramento resultante de níveis de energia produzir uma estabilização adicional.

A distorção tetragonal ao longo do eixo z promove uma alteração na repulsão dos ligantes posicionados nele com o metal central e leva, assim, a uma alteração nos níveis de energia dos orbitais que contêm a componente z.

Como consequência do alongamento no eixo z, a distância ML aumenta, o efeito de repulsão dos elétrons dos ligantes aos elétrons do íon metálico diminui e a energia do orbital d_{z^2} diminui.

5. Os compostos de cobalto observados no galinho do tempo estão em equilíbrio e dependem dos ligantes H2O para que o deslocamento favoreça a formação do composto azul ou rosa.

$[CoCl_4]^{2-}(aq) + 6H_2O(l) \leftrightarrow [Co(H_2O)_6]^{2+}(aq) + 4Cl^-(aq)$

O sal de cloreto de cobalto está presente na superfície do objeto. Quando o ambiente está úmido, moléculas de H_2O disponíveis atuam como ligante, levando a formação do complexo octaédrico de cor rosa $[Co(H_2O)_6]^{2+}$. Quando o ambiente está quente e seco, o meio anidro favorece a formação do complexo tetraédrico de cor azul $[CoCl_4]^{2-}$. As cores observadas nos complexos de Co^{2+} se devem às transições eletrônicas nos orbitais d-d, cuja configuração eletrônica no estado fundamental é d^7.

Ligantes Cl^-, por serem volumosos, são mais estáveis em um arranjo tetraédrico. Por ser um ligante de campo fraco, de acordo com a série espectroquímica, as transições eletrônicas entre os orbitais d-d ocorrem em comprimentos de onda de menor energia, na faixa do laranja 620-580 nm, por isso observamos a cor complementar azul. O ligante H_2O por ser um pouco mais forte do que o Cl^-, promove transições eletrônicas em região de energia um pouco mais alta, na faixa do verde e amarelo 580-490 nm, por isso observamos a cor rosa, que é uma mistura das cores complementares violeta e vermelho.

Sobre as autoras

Vannia Cristina dos Santos Durndell é doutora em Química pela Universidade Federal do Paraná (UFPR), com período de um ano na Cardiff University, no Reino Unido, na área de química inorgânica e catálise para a produção de biocombustíveis. É também mestre em Química e bacharel pela UFPR. Realizou pós-doutorado na Aston University no European Bioenergy Research Institute (Ebri), no Reino Unido, na área de catálise e química de superfície para a transformação de biomassa em produtos, além de um período de pós-doutorado na Embrapa, no setor de Agroenergia, para pesquisar a transformação de biomassa em energia com a utilização de catalisadores inorgânicos.

Ariana Rodrigues Antonangelo é doutora em Química Inorgânica pela Universidade Federal do Paraná (UFPR), com período de um ano na University of Edinburgh, no Reino Unido, na área de química inorgânica e catálise, atuando principalmente na obtenção de materiais contendo porfirinas para catálise de oxidação de hidrocarbonetos. Tem bacharelado e mestrado em Química pela Universidade Estadual de Ponta Grossa (UEPG). Atualmente é pós-doutoranda na Universidade Federal de São Carlos (UFSCar), com projeto na área de química bio-orgânica e catálise, investigando principalmente reações fotocatalíticas em batelada e em fluxo contínuo.

Os papéis utilizados neste livro, certificados por instituições ambientais competentes, são recicláveis, provenientes de fontes renováveis e, portanto, um meio sustentável e natural de informação e conhecimento.

Impressão: Log&Print Gráfica e Logística S.A.
Dezembro/2021